山西省重点研发计划（农业领域）项目"植物锈菌病害的生物防治机理和应用研究"
（项目编号：201803D221004-2）
山西省教育厅高等学校科技创新项目"植物根结线虫生防机理及其应用研究"
（项目编号：2020L0720）

根结线虫病害综合治理研究

杜 宾 ◎ 著

U0345195

中国农业科学技术出版社

图书在版编目（CIP）数据

根结线虫病害综合治理研究／杜宾著 . --北京：中国农业科学
技术出版社，2021. 7

ISBN 978-7-5116-5161-7

Ⅰ.①根… Ⅱ.①杜… Ⅲ.①根结线虫属-病虫害防治-研究
Ⅳ.①S436.3

中国版本图书馆 CIP 数据核字（2021）第 027272 号

责任编辑 　贺可香 　张诗瑶
责任校对 　马广洋
责任印制 　姜义伟 　王思文

出 版 者 　中国农业科学技术出版社
　　　　　　北京市中关村南大街 12 号 　邮编：100081
电 　　话 　(010)82109705(编辑室) 　(010)82109702(发行部)
　　　　　　(010)82109709(读者服务部)
传 　　真 　(010)82109698
网 　　址 　http∶//www.CASTP.cn
经 销 者 　各地新华书店
印 刷 者 　北京中科印刷有限公司
开 　　本 　148 mm×210 mm 　1/32
印 　　张 　6.625
字 　　数 　204 千字
版 　　次 　2021 年 7 月第 1 版 　2021 年 7 月第 1 次印刷
定 　　价 　55.00 元

前　　言

　　线虫（Nematode）是一类低等的无脊椎动物，属于动物界线虫动物门。线虫种类多、分布广、生态多样，全世界线虫种类估计在 50 万种以上，其种类数量仅次于昆虫，位居第二，广泛分布于整个生态系统，分为植物寄生线虫、动物寄生线虫和自由生活线虫。植物寄生线虫是专性寄生在植物体上，严重破坏植物生长发育的线虫种类。目前，全世界正式报道植物寄生线虫 200 余属 5 000多种，且许多种已成为植物的重要寄生有害生物，几乎每种植物都可被一种或几种线虫寄生为害。它们成为危害人类农业生产、林业生产、食品加工安全的重要因素，根据相关调查数据，每年全世界农业生产过程中，由于植物寄生线虫造成的损失高达 1 500 亿美元，对农业经济作物生产造成较大的损失，直接限制着农业的发展。其中，根结线虫（*Meloidogyne* spp.）有 90 多种，为害超过3 000 种植物，尤其对葫芦科和茄科作物为害严重。全世界每年因根结线虫为害造成粮食作物、纤维植物、果树和蔬菜生产的直接经济损失超过 1 000 亿美元。我国每年因根结线虫为害蔬菜造成损失达 200 亿元以上。

　　根结线虫在植物寄生线虫对农业作物为害中排列首位。目前，生产上控制根结线虫主要还是采用化学防治措施。这些化学杀线虫制剂存在毒性大、高残留等问题，往往会污染环境和农产品，严重影响人类健康。有些杀线虫制剂虽然在短时期可以有效地控制根结线虫的为害，但是长期使用农药，根结线虫会产生抗药性，从而大大降低防控效果，同时还会造成土壤板结、地力减退等，这些都将给农业生产带来灾难性的后果。因此，寻找新的高效、低毒、安全、无残留的线虫病害防控措施，是农业生产上的迫切需求，其中生物防治是最重要的防治方法。采取以生物防治技术为主，结合农业、物理、化学等措施，从植物、环境、根结线虫等各个方面协调入手，是今后综合治理根结线虫病为害的发展趋势。在生物防治中，根据不同生态区域线虫发生现状，筛选和研制高效、无毒、安全的生防菌株及制剂则是开展生物防控的基础和关键。

根结线虫病害的防治一直是世界性难题。截至目前，针对根结线虫防治技术的实验室研究成果比较多，而可供实际生产应用的有效技术比较少；单项技术比较多，而成熟的集成化技术比较少；操作难度大的技术比较多，而可操作性强的技术比较少。因此，研发整合形成安全、高效、无害化、可操作性强的综合防控技术依然是今后一项长期而艰巨的工作。

本书系作者完成山西省重点研发计划（农业领域）项目"植物锈菌病害的生物防治机理和应用研究"（山西省科技厅）（项目编号为201803D221004-2）和山西省教育厅高等学校科技创新项目"植物根结线虫生防机理及其应用研究"（项目编号为2020L0720）两项省级课题阶段性研究成果。

由于著者的水平和能力有限，掌握的文献资料还不够全面，难免有疏漏和不足之处，恳请读者和同行提出宝贵意见，以便今后修订改正。

著　者
2021 年 1 月

目　　录

第一章　根结线虫病害概况

第一节　根结线虫的为害

　　根结线虫隶属于线虫门（Nematoda），侧尾腺纲（Secernentea），垫刃目（Tylenohida），异皮科（Heteroderidae），根结线虫属（*Meloidogyne* spp.），该虫虫体细小，是一种高度专化，食性广、多、杂的植物病原物，其主要寄生在寄主植物根部，并诱导根系细胞代谢紊乱，形成巨型细胞，呈现根结或根瘤状态，严重为害植物根部维管束组织，使植物快速死亡。

　　根结线虫病是农业上为害严重的一类土传病害，几乎侵染所有农作物，尤其是果树和蔬菜。根结线虫为害寄主植物后，一般引起植株生长势衰弱，发育缓慢，吸收水分、矿质元素和肥料的能力下降，特别是对外界环境和病原生物的抵抗能力减弱。其致病机理主要有三个方面：一是根结线虫通过口针对寄主植物根系造成直接伤害，造成各种机械损伤，直接破坏根系细胞，使细胞内含物流失，膜系统瓦解，使植物根系功能减弱；二是根结线虫直接侵染植物的同时，食道分泌酶类物质和激素类物质对根系细胞的刺激，促使寄主植物的生理生化反应异常，阻止正常的细胞代谢和发育，通过改变根系细胞的结构，建立长期的寄生关系，刺激寄主细胞形成多核的巨型细胞作为营养库，完全破坏寄主植物正常的生长和发育，加速植株死亡；三是根结线虫在入侵寄主植物的过程中，口针在侵入点形成一定的伤口，减弱寄主植物的抗病虫能力，增加土壤中其他土传病原生物的侵染机会，甚至有些时候，病原根结线虫与其他病原生物构成复合侵染，加重对寄主植物品质和产量的为害。

根结线虫病寄主范围多、发生地域广、为害损失大。根结线虫可以侵染 3 000 多种植物，在世界各地都有发生。据报道，根结线虫每年对全球农业产业造成巨大损失，其中在我国每年造成的损失超过 32 亿元。在美国，根结线虫严重导致陆地棉的产量逐年降低，年损失超过 5 亿美元；在韩国和日本，由于根结线虫的侵染为害，番茄的产量损失高达 40%左右。特别是近年来随着我国农业现代化的实现，社会、经济和技术快速发展，设施农业、温室蔬菜产业与日俱增，设施蔬菜根结线虫病害发生越来越严重，在有的地区根结线虫病害已成为严重制约设施农业的大规模发展的一个限制因素。在江苏省淮安市对土壤根结线虫为害情况调查中发现，几乎每个大棚都有根结线虫病害的发生，其中葫芦科植物黄瓜和茄科植物番茄的大棚为害严重，平均每 100g 土壤中含有根结线虫 350 头，达到严重为害的程度。山东地区温室大棚种植蔬菜，根结线虫大面积为害，导致设施蔬菜产量减少 30%以上。天津保护地蔬菜根结线虫病害普遍发生，为害番茄、黄瓜、甜瓜、苦瓜、豇豆、芹菜、黄秋葵等，成为制约天津地区设施蔬菜发展的重要因素。长江流域、珠江流域和黄淮地区，根结线虫对设施蔬菜、中药材等各种作物造成严重的为害，作物减产高达 50%左右。东北三省设施蔬菜根结线虫病的调查表明，普遍发生率在 65%以上，给东北三省的设施蔬菜种植带来巨大的损失。目前，山西省为害设施蔬菜的根结线虫种类多样，病原种群需要进一步的准确鉴定。在根结线虫病害调查中发现，番茄和黄瓜受害最重，其次是丝瓜、甜瓜和西葫芦等；晋南地区为害严重，晋北地区为害较轻；各地区设施蔬菜为害逐年加重，曾在山西省太谷县张家庄造成番茄大棚绝收毁棚的特大为害。

第二节　根结线虫种类

全世界共报道根结线虫有 90 多种，我国报道记录有 57 种，其中南方根结线虫（*Meloidogyne incognita*）、花生根结线虫（*M. arenaria*）、爪哇根结线虫（*M. javanica*）和北方根结线虫（*M. hapla*）最为常见，并且为害严重，为传统意义上的 4 个主要代表类群。除此以外，为害严重的线虫种类还有纳西根结线虫（*M. naasi*）、法拉克斯根结线虫（*M. fallax*）和奇特伍德根结线虫（*M. chitwoodi*）。在我国一些省份还发现象耳豆根结线虫（*M. enterolobii*），这类新发现的线虫具有更强的侵染能力，可以克服目前已知的抗线虫 *Mi* 基因，给农业生产、设施蔬菜种植带来新的安全挑战。

　　为害我国温室大棚蔬菜的根结线虫主要包括以上 4 种常见的根结线虫类群，但是在不同的省份地区，每种根结线虫的分布不同，优势种的类型也是不尽相同。在山东省、辽宁省、海南省的蔬菜大棚里主要分布南方根结线虫和北方根结线虫，其中南方根结线虫为优势种群。在河北省、河南省蔬菜大棚中还有少量花生根结线虫为害，优势种群仍然是南方根结线虫。甘肃省蔬菜大棚分布的根结线虫比较单一，只有南方根结线虫。山西省目前报道的设施蔬菜根结线虫有南方根结线虫和北方根结线虫，其中南方根结线虫为优势种群。

第三节　根结线虫的发生与分布

一、世界范围的分布状况

　　根据国际根结线虫协作组所收集的样本结果显示，南方根结线虫、花生根结线虫、爪哇根结线虫和北方根结线虫 4 种常见根结线虫的数量占到群体总数的 95% 以上。其中前 3 种根结线虫普遍分布于热带、亚热带和温带，大多发生在南、北纬 35° 之间的地区，在这之外的地区以北方根结线虫为主。南方根结线虫分布范围比较广泛，遍布热带和温带，年平均气温在 15℃ 以上、湿度大于 30% 的地区就可以存活，也可以侵染植物诱发病害。在我国的温暖地区，南方根结线虫常常是优势种群，形成较大虫瘿，严重为害设施蔬菜。爪哇根结线虫分布范围相对较小，其生长分布与气候条件关系密切，年平均温度大于18℃的地区即可存活，侵害植物对湿度的要求较高，当年降水量少于10mm时间超过2个月，爪哇根结线虫往往成为优势种群，在田间成为单一种群为害。花生根结线虫主要分布在温暖地区，年平均气温大于20℃即可存活，最适宜生长温度是24℃左右。其具有生理小种专化性，寄生在不同植物体上，引起不同的根结状态，通常是一串串梨形的虫瘿。在北方和寒冷地区，这3种根结线虫常发生在温室中，室外以北方根结线虫为主。北方根结线虫是嗜低温类群，主要分布在较寒冷地区或亚热带高海拔地区，大量发生在平均气温为0~15℃的地区，当年平均气温大于10℃，北方根结线虫具有侵染能力，最高月平均气温高于27℃的地区难以见到北方根结线虫。由于具有很强的耐寒性，北方根结线虫在我国辽宁省成为优势种群，侵害作物。世界范围内，北方根结线虫适于长期生存在北美洲的美国北部和加拿大南部，欧洲北部和亚洲北部；在南美洲，北方根结线虫分布于南纬40°附近地区以及南美洲西部多山地区；在非洲，北方根结线虫可在1 500m以上的高地生存。据国际根结线虫协作组对70多个主要粮食产区国家1 300个根结线虫种群的广泛调查表明，在95%的样品中，至少有以上4种根结线虫中的一种。

二、中国范围的分布状况

中国大部分地区属于温带气候，很适宜根结线虫生存。国内很多学者对根结线虫分布展开研究。对江苏省大棚蔬菜寄生线虫调查表明，南方根结线虫发生普遍；对广东省、福建省的根结线虫调查表明，在我国南方温暖地区广泛分布着最常见的南方根结线虫、爪哇根结线虫和花生根结线虫，未发现北方根结线虫；对华东地区和华中地区的根结线虫调查发现，湖北省根结线虫以南方根结线虫为主，华东地区也以南方根结线虫为优势种群；对我国13个省的蔬菜、果树、花卉等经济作物上的 40 个根结线虫群体研究显示，南方根结线虫、爪哇根结线虫、花生根结线虫、北方根结线虫是我国常见种类，其中南方根结线虫是我国南方地区的优势种群；对我国北方 8 个省的根结线虫进行广泛调查，共鉴定出 8 种根结线虫，包括 4 种最常见种，以及柑橘根结线虫、象耳豆根结线虫和两个新种；对采自海南省 10 市（县）的 28 个番石榴根结线虫种群进行鉴定，明确了 25 个种群为湛江根结线虫，2 个种群为番禺根结线虫，1 个种群为南方根结线虫，湛江根结线虫是为害海南省番石榴的优势种群；对江西省的 74 个根结线虫地理种群进行鉴定，结果表明，南方根结线虫有 49 个种群，花生根结线虫有 12 个种群，爪哇根结线虫有 8 个种群，并有 5 个为混合种群；对山东省 7 个地级市 14 种蔬菜根结线虫寄主样本，采用分子生物学鉴定方法对其进行鉴定，表明山东蔬菜主产区的蔬菜根结线虫均为南方根结线虫；对采自陕西省的 20 个市县的 330 份蔬菜根结线虫样本进行会阴花纹鉴定，明确了南方根结线虫、北方根结线虫、花生根结线虫和爪哇根结线虫是为害蔬菜的主要种类，并对其种类分布及为害进行调查。从全国范围看，南方根结线虫、花生根结线虫、爪哇根结线虫和北方根结线虫发生分布范围较广泛，但不同种类分布区域有所不同。

第四节　根结线虫病害的症状

一、地上部症状

根结线虫侵染植物根系，形成根结，破坏了根部组织的正常分化和生理活动，水分和养分的运输受到阻碍，导致植株矮小、瘦弱，近底部的叶片极易脱落，上部叶片黄化，表现出类似肥水不足的缺素症状。为害较轻时，症状不明显。为害较重时，植株的地上部营养不良，植株矮小，叶片变小、变黄，不结实或结实不良，遇干旱则中午萎蔫，早晚恢复。严重受害后，未老先衰，干旱时极易萎蔫枯死，造成绝产。

二、地下部症状

地下部的侧根和须根受害重，侧根和须根上形成大量大小不等的瘤状根结。根结多生于根的中间，初为白色，后为褐色，表面粗糙，有时龟裂。有的植株被害后不发侧根，如某些蔬菜，蒜、葱等。根结的大小与形状因侵染的线虫种类、数量和寄主的不同而有差异。番茄等茄科蔬菜和十字花科蔬菜受害后侧根根尖形成小根结，根结上丛生很多小须根。瓜类和芹菜受害后在侧根上形成类似绿豆或小米粒大小的串珠状的瘤状物，表面白色光滑，后期变成褐色，整个根肿大粗糙，呈不规则形。

由于地上部症状似缺素症，地下部的症状隐蔽，植物保护工作者不易识别，往往贻误防治时机，造成严重为害。同时，根结线虫的二龄幼虫侵入往往与寄主植物的枯萎病、黄萎病、立枯病等土传病害共同发生，形成复合为害而加重损失。

第五节　根结线虫的致病作用

一、根结线虫的致病机制

根结线虫以二龄幼虫的形式通过头部敏感的化感器寻找寄主植物的根，侵入植物根尖组织后，在寄主植物根尖的伸长区内细胞间移动，在根中柱的维管束附近找到合适的位点后，用口针刺穿植物细胞壁，将食道分泌的有毒物质注入细胞，从而诱导刺激寄主植物细胞发生各种复杂的生理和病理变化，细胞核分裂但细胞质不分裂，组织细胞发育过度，最终形成多核巨细胞，构成取食位点，为根结线虫的生长和繁殖提供了营养来源，建立二者之间的寄生关系。巨型细胞内的核数目不断增加，后期数目稳定，到根结线虫雌虫产卵后，巨型细胞内出现空洞化，根结开始腐烂。根结线虫入侵植物根尖组织，穿刺吸食植物营养，破坏细胞壁，对植物组织细胞造成机械损伤，还为其他病原物提供了方便的入侵通道，使植物更容易感染其他病害；而且根结线虫食道腺的分泌物刺激寄主植物根细胞增大形成巨型细胞，使根部细胞分裂形成肿瘤和过度分枝，或使细胞中胶层溶解引起细胞裂解，使根部和皮层形成空洞以致细胞死亡。在根结线虫与寄主植物的亲和互作中，有许多基因的表达发生了改变，涉及防御、细胞周期、细胞壁及骨架的修复、代谢激活、信号传递及转录等多个方面。食道腺细胞内合成的拟蛋白质分泌物是最初的信号分子，这些分泌物包括细胞壁修饰酶、核定位信号、植物细胞新陈代谢的一些蛋白质、双功能酶分支酸变位酶。细胞壁修饰酶包括纤维素内切酶、果胶酶、木聚糖酶和扩展蛋白，帮助侵染的二龄幼虫在寄主植物组织内进行移动。分支酸变位酶影响寄主细胞的新陈代谢水平。CLE 家族多肽激素通过泛素蛋白体途径选择性降解寄主蛋白质，主要由线虫分泌的泛素、Skpl 蛋白和 RING-H2 蛋白参与进行。其他的腺体细胞分泌物在线虫专化取食细胞形成过程中具有多个角色。这些物质在食道腺细胞中合成，在腺状体内的线虫食道腺细胞分泌物通过阀门释放到口针，并通过口针穿透细胞壁，注入植物细胞内，参与植物细胞一系列的信号转导，导致细胞核不断分裂而细胞质不分裂，最终形成巨型细胞和取食位点，并建立了永久的寄生关系。

在根结线虫侵染过程中，除食道腺外，还有很多器官都分泌物质到植物内部。植物寄生线虫前端有 3 个大的食道腺细胞，其中 1 个细胞位于线虫身体的背部，另外 2 个位于线虫的腹部。在线虫的整个生活周期中其形态和功能发生一系列的变化。根结线虫幼虫期腹食道腺发达，活性最高，在与寄主建立取食关系以后，腹食道腺开始萎缩，活性逐渐降低；而背食道腺在确立取食寄生关系以后，几天内其活性达到一个高峰，并在随后的整个生活周期中，保持高活性，在这 3 个食道腺细胞中合成了口针分泌物。除此之外，线虫表皮、体孔、肠道、头部的侧器也具有分泌的功能。

二、根结的形成和研究

植物受根结线虫为害后的典型症状是在寄主植物的根部形成根结。组织病理学研究表明，根结内部除有不同龄期的根结线虫外，还有由寄主细胞演变成的巨型细胞，根结线虫固着寄生在植物体内，从巨型细胞内吸收营养成分，直到完成生活史。根结内巨型细胞的体积是正常根细胞大小的 50~400 倍。人们对植物根结的内含物也进行了许多研究。分析番茄根结和正常根的化学成分，结果表明半纤维素、有机酸、自由氨基酸、蛋白质、核酸、RNA、DNA、脂肪和矿物质的含量分别提高了 36%、67%、34%、80%、29%、87%、70%、154% 和 4%；但有些物质在根结内的含量则有不同程度下降，碳水化合物下降了 36%，纤维素下降了 31%。有研究表明，感染爪哇根结线虫的番茄根，可以产生生长素。将根结的乙醇抽提物施到根表面，引起植物产生根结，表明其可能含有生长素，同时发现感染根结线虫的番茄根内的生长素的浓度与未感染的根的生长素浓度相似。利用启动子捕获技术研究发现，植物根结内巨型细胞形成早期生长素相关基因表达活跃。

根结线虫侵染寄主植物后，大部分蔬菜在吸收根上膨大形成或大或小且形状不规则的根结，少有根结重叠现象，有时根结上生有短的须根，根结内有根结线虫虫体。新形成的根结颜色与寄主新生根颜色相同，到了后期根结上出现由根结线虫雌虫产生的从黄色到褐色的胶质卵囊，根结开始腐烂，如由南方根结线虫引起的辣椒根结。有些蔬菜感染根结线虫后，形成的根结除具有上述特征外，还可见根结上又产生根结，形成巨型根结，根结内有多个雌虫。这类根结结构松散，容易腐烂，严重影响植物根部的吸收功能，导致寄主蔬菜提前死亡，如由南方根结线虫引起的黄瓜根结。还有些根结很小，根结线虫雌虫裸露在根结外面，如由甘蓝根结线虫引起的鹰嘴豆根结。有些产生地下块茎的蔬菜，可以在块茎上或块茎内形成虫瘿，如由南方根结线虫引起的甘薯根结和马铃薯根结等。由北方根结线虫引起的花生根结除在根上形成根结外，还在果荚和果针上形成虫瘿。用南方根结线虫、花生根结线虫、爪哇根结线虫和甘蓝根结线虫接种鹰嘴豆后，甘蓝根结线虫形成的根结小，线虫雌虫裸露在根外部，而其余 3 种根结较大，雌线虫在根结内。这表明蔬菜的根结形态不仅与蔬菜的种类有关，也与侵染的根结线虫种类有关，同一种根结线虫侵染不同种类的蔬菜形成的根结也不尽相同，因此，根结的形态是由寄主蔬菜和根结线虫互作体系共同决定的。组织病理学结果表明，在由南方根结线虫引起的辣椒根结内和甘蓝根结线虫引起的鹰嘴豆根结内，巨型细胞的形成没有引起辣椒或鹰嘴豆原来的维管束的扭曲和周围薄壁细胞的组织混乱排列；而在南方根结线虫引起的黄瓜根结中，根冠内的细胞受到严重影响，寄主原生维管束结构严重扭曲后产生次生维管组织，薄壁组织排列混乱。

蔬菜根结分为单根结和重根结两种类型。单根结是根结线虫诱导寄主蔬菜在吸收根上膨大形成或大或小且形状不规则的根结，有时根结上生有短的须根，根结内或根结外有线虫虫体，单根结内巨型细胞的形成没有引起寄主原来的维管束的扭曲和周围薄壁细胞的组织混乱排列。重根结指蔬菜感染根结线虫后，可在根结上面又产生根结，形成巨型根结肿瘤，根结内有多个根结线虫虫体，寄主原生维管束结构严重扭曲后，产生次生维管组织，薄壁组织排列混乱。分子生物学研究表明，由南方根结线虫诱导的拟南芥的根结内，有 3 372 个基因的表达水平发生了明显的变化，不同寄主与根结线虫互作体系中，根结的形态有较大的差别。

植物根结的结构形成和衰败与根结线虫的生活史密切相关。从根结线虫二龄幼虫侵染寄主植物开始，根结线虫首先在寄主植物根尖的伸长区内细胞间移动，在根中柱的维管束附近找到合适的位点后，诱导寄主植物的细胞发生变化，在最初的 1~6 d 内形成巨型细胞。巨型细胞内的核数目不断增加，后期巨型细胞内数目稳定，到根结线虫雌虫产卵后，巨型细胞内出现空洞化，根结开始腐烂。侵入寄主根内的根结线虫二龄幼虫经过3次蜕皮后变成成虫，雌虫留在根内产生卵囊，构成寄主根结的一部分，雄成虫从根中溢出到土壤中。

根结的形成过程与温度关系密切。在平均温度 19.1℃ 以下，南方根结线虫在番茄寄主体上45d完成寄生阶段生活史；而在平均温度 30.6℃ 左右，南方根结线虫仅需要16d即可完成寄生阶段生活史。香蕉根结线虫在南宁1年发生9代，且各代之间有明显的世代重叠现象，每代的经历期依次为 40~50d、36d、54d、35d、30d、40d、35d、30d 和 30d。2019年1—3月的日平均温度偏低，分别为 14.8℃、14.4℃、18.7℃，而第一、第二代恰好经过这3个月，所以其生活史经历期较长；第三代所经历的3月中下旬至4月，虽然降水量不大，但属于阴雨天气，土壤湿度大造成土壤含氧量降低，抑制线虫的呼吸及活动，从而侵入根的时间延长，所以经历期也较长；第四、第五、第七、第八、第九代所经历的 5—6 月和 9—11 月，月平均温度为 25~28℃，比较适合根结线虫的侵入、发育和繁殖，所以经历期较短；第六代所经历的 7—8 月的温度较高，最高日平均温度达 33.3℃，月平均温度也达到 29℃ 左右，高温天气影响线虫的侵染力和卵的孵化率，导致经历期延长。由于 5—6月和 9—11 月温度适宜于根结线虫生长，因此根结线虫生活史短，田间香蕉根结症状严重。

根结线虫引起寄主植物产生根结分为诱导和维持两个阶段，诱导阶段主要由根结线虫二龄幼虫完成，而维持阶段由根结线虫的三龄、四龄幼虫和成虫完成。以南方根结线虫侵染番茄为例，二龄幼虫侵入根内14d后蜕皮变成三龄幼虫，然后变成四龄幼虫，约21d后四龄幼虫蜕皮变成成虫，再经过约30d后成虫产卵，大约45d后成虫完成产卵活动。由于三龄、四龄幼虫没有口针，成虫有口针，因此三龄、四龄幼虫与巨型细胞的作用特点及成虫与巨型细胞的作用特点，二者之间应该是有差别的，而产卵前的成虫和巨型细胞的作用特点与产卵期间的成虫与巨型细胞的作用特点也是不同的。因此，依据巨型细胞的发展过程及巨型细胞与线虫的作用特点，笔者建议将维持阶段细分为 3 个阶段，即发展阶段、成熟阶段和衰败阶段。这样在植物—根结线虫互作体系中，根结线虫引起根结的过程就由诱导、发展、成熟和衰败 4 个阶段构成。诱导阶段根结内形成了巨型细胞，根结内二龄幼虫尚未蜕皮变成三龄幼虫；发展阶段根结内巨型细胞的数目和巨型细胞内细胞核的数目均稳定，巨型细胞结构逐步完善，此阶段的线虫是三龄到四龄幼虫；成熟阶段根结内巨型细胞发育完成，根结内是未产卵的线虫雌虫；衰败阶段根结内巨型细胞逐步形成空洞化现象，根结内线虫雌虫完成产卵活动。

近年来，分子生物学技术被用于植物根结内基因表达研究，以寻找与根结形成密切相关的寄主植物基因。许多学者利用基因芯片技术、候选基因策略、差异显示技术、原位杂交技术、实时荧光定量 PCR 技术和 *GUS* 启动子捕获策略等发现了一些与根结形成密切相关的基因或酶。依据其功能可分为 6 类：①与细胞周期调控相关基因和蛋白激酶，包括结瘤素基因 *ENOD40*、细胞周期基因 *CCS52a*、D-型细胞周期基因 *CYCD3* 和细胞周期激酶 cdc2a、细胞分裂素氧化酶；②与细胞有丝分裂相关基因和蛋白激酶，包括与有丝分裂有关的细胞周期基因（*Cycb-1*，*Cdc-2b* 和 *Cyca-2*）、与细胞有丝分裂周期调控有关的 2 个转录因子 PHAN 和 KNOX、细胞分裂和细胞核分裂关键蛋白 Map-65s 等；③与细胞膜功能有关的基因或酶，包括细胞质膜形成素相关蛋白 ATFH6、水通道基因 TOB-RB7、水通道基因 *NOD-26*、富含脯氨酸蛋白基因 *Mtl-203*；④与细胞壁裂解有关的酶，包括内切葡聚糖酶 Ntcel-2、Ntcel-7 和 Ntcel-8、果胶乙酸酯酶 DiDi-9C-12；⑤与信号转导有关的基因，包括5-磷酸核酮糖差向异构酶 PRE；⑥与细胞新陈代谢有关的酶类，包括肌动蛋白基因 *ACT2* 和 *4C77* 等。除了细胞壁裂解酶以及肌动蛋白基因在 21d 的巨型细胞周围表达外，所研究的基因基本上是在 14d 以前的巨型细胞中表达。

根结线虫在植物根结内完成生活史，其对植物基因的调控作用是十分复杂的。利用基因芯片技术，发现在拟南芥中遭受南方根结线虫侵染形成巨型细胞的根结组织中 3 372 个基因的表达水平发生了明显变化，上调基因的数量和下调基因的数量相近。植物防御相关基因表达受到抑制。与植物新陈代谢和能量传递相关的基因表达，既有上调也有下调。早期根瘤形成基因 *Enod-40* 和细胞周期基因 *Ccs-52a* 也在根结线虫侵染时表达。但是，根瘤和根结形成之间的相似性是有限的。研究者分析了来自寄主苜蓿的表达序列标签文库中的 192 个根瘤基因，只有 *Nodulin-26* 和 *Cycd-3* 在线虫入侵时表达，而有 38 个基因在根瘤中表达。在接种 7d 的根结中，编码 40S 和 60S 核糖体蛋白的 71 个基因明显上调，表明在根结形成初期，蛋白质合成水平明显上升。在根结形成过程中，同一家族的几个不同基因可能上调，也可能下调。例如，在拟南芥中，有 3 个水通道蛋白上调，有 7 个水通道蛋白表达受到抑制。扩张蛋白是引起细胞壁松弛和延展的蛋白，但不会引起细胞壁主要成分的彻底水解。在 31 个与扩张蛋白相关的基因中，有 7 个扩张蛋白 A 基因和 2 个扩张蛋白 B 基因上调。与细胞壁形成相关的酶，有些上调，也有些下调。P21、P42 内切葡聚糖酶和所有的果胶酶裂解基因在根结形成过程中均表达活跃。研究者通过电子显微镜观察到了钙网蛋白在巨大细胞的细胞壁上聚集，钙网蛋白基因可能调节了植物细胞的防御反应，使得取食位点得到维持。

有几个基因在线虫侵染时关闭，这涉及宿主的防御反应。研究者利用离体和活体 RNAi 方法来沉默根结线虫的 *16D-10* 基因，证实该基因在根结线虫的寄生过程中起到关键作用。离体状态下摄取 *16D-10* 的 dsRNA 能够沉默根结线虫的靶标基因，降低线虫的感染能力。在拟南芥中活体表达 *16D-10* 的 dsRNA 能够使植物对 4 种主要根结线虫的侵染产生抗性。乙烯反应元件结合蛋白

（EREBP）家族的一个转录因子在线虫侵染时调控防御反应的基因表达关闭。有趣的是，抗性栽培品种 Hartwig 的大豆基因的表达在受侵染后增加。在拟南芥被感染后，*EREBP* 基因家族会表达上调。这些可能反映了植物与根结线虫互作中基因表达的复杂性。

以上结果表明，根结线虫引起巨型细胞的大量基因表达的改变，导致了植物根结的成分与健康植物组织不同。

第六节　根结线虫侵染对植株生理生化的影响

根结线虫侵染植株根系后，地上部往往表现为生长发育迟缓，叶片黄化和植株萎蔫，进而导致产量降低，品质下降，抗逆性减弱，除了虫瘿和巨型细胞的形成之外，根结线虫对植物的根还有其他重要影响，主要是由于根结线虫侵染诱导形成的特异保卫细胞破坏根系正常的维管束结构，从而减少根系对水分和养分的吸收与运转。严重受害的根比未受害的根要短，须根和根毛都少。在虫瘿中输导组织呈畸形，水分和养分的正常运输被机械性堵塞。根系的萎蔫和畸形造成了根系功能的降低，最终导致了生长缓慢，产量降低；此外，当巨型细胞和虫瘿形成时，植物生理学的变化也导致了植物的非正常生长。

一、对光合作用的影响

光合作用是植物最基本的代谢过程，根结线虫侵染通常导致植物光合速率降低，其生理过程主要包括：叶绿素含量减少，气孔导度降低，养分失衡，及其根系中影响光合产物合成与转运的调控因子受到干扰。在大豆接种线虫后，随线虫胁迫强度增加，叶绿素 a、叶绿素 b、叶绿素总量均有不同程度的降低。生姜被根结线虫侵染后，叶片中叶绿素 a、叶绿素 b 和类胡萝卜素含量都显著下降，降低了光合产物的积累，并使光合速率的日变化规律由双峰曲线变为单峰曲线。这种叶绿体光合色素成分的改变，是植物对根结线虫侵染的一种适应，从而有利于光合系统的稳定。不同品种感染根结线虫后光合特性也存在不同，在 26℃下番茄感染根结线虫 50d 后，净光合速率、细胞间 CO_2 体积分数、蒸腾速率和气孔导度均稍有上升，32℃下抗根结线虫番茄品种感染 50d 后，净光合速率和蒸腾速率较对照有所升高，而感性品种均下降。抗病材料酸黄瓜感染根结线虫后叶绿素含量下降较小，能使较多地将光能用于光化学反应，热耗散能力较强，从而保持了较高的净光合速率，使根结线虫的侵染对酸黄瓜植株生长造成的影响不大。

二、对防御酶活性的影响

植物在自身有氧代谢过程中或受到外界逆境胁迫下，其体内会产生大量的活性氧类（ROS）毒害物质，这类物质在植物体内如不能及时清除，将会对植物的生长发育产生严重的毒害作用，植物抗氧化系统是植物清除体内活性氧毒害物质的一个主要途径。一些研究证实 ROS 代谢与抗性有关的防御酶系在植物抗根结线虫中发挥重要作用，并指出 ROS 积累引起的过敏性细胞坏死是植物抵御病原物侵染的共同机制，与其相关的酶类主要有超氧化物歧化酶（SOD）、过氧化物酶（POD）、苯丙氨酸解氨酶（PAL）和过氧化氢酶（CAT）等。研究表明，山定子被南京毛刺线虫侵染后，根尖组织中 POD、PPO、PAL 活性都有不同程度的上升。南方根结线虫接种番茄、黄瓜及豇豆后抗病品种 SOD 活力下降，感病品种 SOD 活力升高。在烤烟上接种南方根结线虫后，抗根结线虫品种和感根结线虫品种的 POD 活性都升高，但抗根结线虫品种升高的幅度比较大。并且根结线虫侵染后，抗根结线虫品种的 POD 活性上升比感病品种快，且抗根结线虫品种细胞壁中 POD 活性也增强，似乎是对抗性激发的一种反应，促进了坏死部位的木质化进程。番茄在感染南方根结线虫后，无论是抗根结线虫品种还是感根结线虫品种，PPO 活性均上升，但是抗根结线虫品种中 PPO 活性升高的幅度比感病品种高得多。胡萝卜在感染北方根结线虫后，根部 PAL 活性降低 50%，而抗病大豆遭受南方根结线虫侵染后，PAL 活性迅速升高，可能是通过编码木质素的生物合成而使细胞壁加厚，从而抵抗根际根结线虫的侵入。

三、对内源激素分泌的影响

植物激素作为植物体内重要的微量信号分子，参与了生理生化过程。正常生长情况下，植物内源激素处于某种平衡状态，调节植物的生长发育。例如，脱落酸（ABA）、细胞分裂素（CTK）、赤霉素（GA）和生长素（IAA）是调节植物细胞生长代谢的重要内源激素，其含量及变化决定着细胞与组织的生长状况。IAA 含量和 CTK 活性提高，能刺激细胞分化和分裂，导致细胞增生；ABA 活性提高对植物细胞的生长产生抑制作用，并加速植物的衰老过程，使叶片黄化。茉莉酸（JA）和水杨酸（SA）作为新型的植物激素，在激活植物一系列抗病虫防卫反应中起着重要的信号分子作用。胡萝卜感染线虫后，IAA 氧化酶被增加的绿原酸所抑制，致使 IAA 积累，同时试验发现，诱导根部组织生长、虫瘿形成和提供营养与此有关。根结线虫的侵染使植株 IAA 和 CTK 含量升高，刺激细胞分裂，导致细胞增生，ABA 活性提高对植物的生长产生抑制作用，使叶片黄化，并加速植物的衰老过程。南方根结线虫侵染生姜后，可使叶片、根茎中的 GA 和 IAA 含量显著降低，ABA 含量前期降低，后期升高，根系中 GA/ABA 上升，从而导致生姜生长缓慢，植株显著变矮，根茎上出现疣状突起并裂开。根结线虫侵染 16~48h，黄瓜体内 JA 的含量急剧上升，上升幅度高达对照的 8.2 倍，而 SA、ABA 和异戊烯基腺苷在侵染后含量有显著上升的趋势，并在 24h 达到各自的峰值；但是生长素 IAA 和 GA 含量仅短暂升高，其余时间显著低于对照。

四、对营养吸收分配的影响

钾离子（K^+）是植物中重要的营养元素，是非盐生植物中最丰富的无机阳离子，占植物总干重的 10%。由于高浓度 K^+ 与蛋白质结构的相关性，K^+ 在渗透调节、阴离子基团的电中和以及细胞膜极化的控制等基本功能方面均起重要作用。而且，由于 K^+ 是大量酶的活化剂，所以 K^+ 在光合作用、蛋白质合成和氧化代谢中也起关键作用。在植物中，有直接证据表明，K^+ 与细胞的延伸、气孔运动和气体交换的调节以及不同信号转导等过程有关。

钙离子（Ca^{2+}）在植物生长发育中起着重要的作用，如维持细胞形态结构，参与细胞伸长生长等过程。虽然 Ca^{2+} 不参与重要有机物的组成，但 Ca^{2+} 对植物细胞内参与重要反应的酶起到活化促进作用。Ca^{2+} 对维持细胞膜系统微结构有重要作用，同时也起着活化并促进核酸和蛋白质合成的作用。此外，Ca^{2+} 对碳水化合物的合成和运输也有影响，Ca^{2+} 能促进糖分转化和运输，使光合作用产物迅速运到块茎、块根和种子，Ca^{2+} 对活性氧代谢与生物膜脂过载化、根系活力及植物开花结实等均有重要作用。

根结线虫的侵染可使植株根部积累较多的氮、磷、钾，这些营养元素的积累有利于根结线虫建立侵染据点。分析根结线虫侵染植物根系沥出物成分时发现，根系沥出物中有较高的钙、镁、钠、钾、铁和铜，其中抗根结线虫品种中镁含量比较多，而感根结线虫品种中磷、钾、钙和铁含量较多，表明镁元素可能参与抗性反应。硅含量也与植株抗性密切相关，一般来说，根结线虫侵染后，抗病品种硅含量随侵染的进行大量积累，而感根结线虫品种则没有硅积累现象。

五、对蛋白质和氨基酸合成的影响

大量研究表明，根结线虫侵染后，植物体内可溶性蛋白含量升高。根结线虫可改变植株中的氨基酸代谢，从而改变蛋白质含量。

用南方根结线虫接种番茄后，对比分析健康根系和感根结线虫根系氨基酸种类的不同，发现 L-脯氨酸的产生可能与防御机制有关。测定根结线虫对番茄根中蛋白质含量的影响，说明在番茄整个生长的前中期，根结内蛋白质含量显著高于同株健根，随着线虫不断侵染为害，蛋白质含量逐渐升高，根结与健部蛋白质含量的差值也随之增加。用花生根结线虫接种花生后发现，受侵染根产生蛋氨酸，其半胱氨酸、赖氨酸、精氨酸的含量提高，脯氨酸、苏氨酸的含量降低，而茎叶没有脯氨酸，其苏氨酸、甘氨酸、丙氨酸、组氨酸、精氨酸的含量明显降低，苯丙氨酸含量升高。

六、与其他病原物复合侵染为害

根结线虫直接侵染寄主植物为害外，还和其他病原物互作造成复合侵染，使植物易受真菌和细菌的为害。农业生产过程中，往往是多种病原同时存在，20 世纪 50 年代就有报道各种病原物的复合侵染现象，近年来，这方面的研究渐多，包含病原线虫的植物复合侵染病害的研究已上升到理论阶段，人类对植物病害的认识也更深入、更全面。根结线虫侵染可引发植物病害，同样，真菌、细菌等其他病原物也可引起植物病害。实际上，在许多情况下，植物的病害不仅仅是由一种病原物造成的，往往涉及两种或多种病原物。一种植物被一种病原物侵染后，它对另一种病原物的反应可能有所改变。例如，根结线虫在植物上的取食可以造成许多伤口，从而为从伤口侵入的真菌和细菌病害提供了方便；一些根结线虫是某些病毒和细菌的传播介体，因此线虫对由这些病原物引起的病害的发生起着举足轻重的作用。反之，其他病原物对植物的侵染也可能影响植物根结线虫的侵染反应。根结线虫在侵入时留下伤口，有利于土壤中其他病原物的侵染，常与植物枯萎病、黄萎病、立枯病形成复合病害而加重损失。细菌方面，1892 年 Aikinson 首先报道病原细菌和线虫的互作，由青枯拉氏菌引起的番茄、烟草、茄子和辣椒青枯病，常因根结线虫的侵染而加重。根结线虫和病毒的互作未见报道。在近几十年的根结线虫病害研究中，不断有新的报道。研究抗青枯病烟草品种中根结线虫的存在与青枯病严重性之间的关系，进一步确定感染根结线虫的烟草品种，这些烟草植株无论对黑胫病是感病还是抗病，根结线虫的侵染均能加重其对黑胫病的为害。在江西省蔬菜产区，凡是根结线虫发生严重的地方蔬菜青枯病的发生就严重。相关学者探讨了根结线虫与烟草黑胫病发生的关系，黑胫病菌和根结线虫同时混合接种时，发病较重，表明根结线虫的存在有加重黑胫病发生的作用。在黄瓜上同时接种根结线虫和枯萎病菌发现，复合侵染比枯萎病菌单独侵染发病早，植株死亡率高，为害加重。研究表明，南方根结线虫、茄腐镰孢菌、尖镰孢菌、黑白轮枝菌能复合侵染罗汉果植株，使植株病害发生更为严重。

第二章　根结线虫病害的诊断

第一节　根结线虫的采集和获得

一、根结线虫的采集

根据取样目的制订取样计划和确定取样方法。

1. 受害组织的采集

蔬菜根结线虫主要在蔬菜植株的根部寄生为害，只要采集病变的根部组织器官，就能得到根结线虫。采集时间最好在根结线虫发生为害高峰以后，可获得根结线虫卵、幼虫、成虫等根结线虫不同发育时期的样本。

2. 受害根系和根际土壤的采集

对于主要在根部内寄生的蔬菜根结线虫，由于发生世代的交替与重叠，也有一段时期生活在土壤中，取样时应把根系和根际土壤一起采集。根结线虫主要分布在土壤深度 0~30cm 处，严重发生的田块 50cm 左右仍有根结线虫分布，但以 0~20cm 的土层中分布数量最多。若采集土样的目的只是了解线虫在该地区田块中的虫量情况，一般在 5~20cm 土层中采集土样；若要研究根结线虫垂直分布规律，应分层取样，一般 10cm 为一取土层，取样的深度可达到50cm。采集土样时最好选择在湿润的土壤中采集，过于干燥或潮湿的土壤中线虫存活率较低。

田间的取样方法因目的不同而不同，如进行虫情普查，可采取平行跳跃式取样，样本的大小和数目，主要考虑人力和设备条件，在 1~2hm² 或更大面积的地块上对根结线虫种类普查取样点至少为 20~30 个；若是调查防治效果，一般采用 "Z" 形五点取样。取土的量视需要而定，进行虫口密度调查时要多一些，一般每块田挖取土样 0.5~1kg。植株样本较小的，可连同根和根际土壤一起采集，植株大则只取一部分受害根系和土壤。

3. 记录方法

土壤中根结线虫量用单位体积或单位质量的土壤中根结线虫数量来表示。受害程度用被害株率（%）和根结指数表示。受害植株地上部有明显的病害症状时，发病率即为受害株率。根据根结分级记载计算根结指数。根结分级记载标准如下。

0 级：无根结，根系健康。

1 级：仅有少量根结，根结占全根系的 10% 以下。

3 级：根结明显，根结占全根系的 11%~25%。

5 级：根结特别明显，根结占全根系的 26%~50%。

7 级：根结数量很多，根结占全根系的 51%~75%，根结相互连接，主根和侧根变粗并呈畸形。

9 级：根结数量特多，根结占全根系的 75% 以上，根结之间相互连接，多数主根和侧根变粗并呈畸形，甚至腐烂。

通过各级植株数和级数计算出根结指数，公式如下。

$$根结指数 = \frac{\sum（各级植株数×级数）}{（调查总株数×9）} × 100$$

4. 蔬菜遭受根结线虫为害后对产量损失的估计

根结线虫为害对蔬菜产量影响的估计方法一般可以通过受害轻重不同的田块以及从防治和未防治田块的产量对比来分析。为了更准确地研究线虫密度与蔬菜产量损失的关系，可用人工接种不同密度的线虫的土壤进行盆栽试验，注意接种线虫密度的梯度要按照对数级数增加。

5. 根结线虫样本的保存

采集到的标本或土样要防止干燥。写好标签（时间、地点、作物等）后随即放在聚乙烯薄膜袋中，袋口要用橡皮筋扎紧，带回室内放置4℃冰箱中保存，注意不宜使用有色的或有气味的塑料薄膜袋。为了防止土壤中线虫在贮存期间发生变化，土样在分离或提取线虫前也可采用固定的办法，将40%的甲醛100ml、甘油10ml以及890ml蒸馏水与土样混合再提取，可比未固定的土壤获得更多的线虫。

二、根结线虫的常规分离方法

1. 贝尔曼漏斗法

常用直径为8~10cm的玻璃漏斗，漏斗管连一段乳胶管，用弹簧夹控制胶管的开闭，漏斗放在铁架或自制的木制漏斗架的圆环内，其内注入约2/3清水，取含根结线虫的土样100~200g，或含线虫的植物材料（如根系）切成0.5~1.0cm长的小段，用4层纱布或两层高级卫生纸包住土样或植物材料，轻轻放入盛水的漏斗内，使水漫过并浸透，如水量不足，轻轻加水，防止泥浆溢出。经过10~12h，用空烧杯接在漏斗的胶管下，缓慢松开弹簧夹，让水从胶管底部流出，内含有大量线虫。关闭胶管，向漏斗轻轻补充清水，可以再次收集线虫。贝尔曼漏斗法的原理是根据根结线虫喜水性，遇水便会从土壤或植物组织内游出，沉积至漏斗的管内。这种方法仅限分离活动性的线虫，对死虫、不活动的线虫和虫态（如根结线虫的雌虫）则是无效的。

2. 卡勃过筛分离法

用一组不同孔径的套筛，最上层为粗筛，最下边为最细的筛。先将土样放入一个大容器内，一般都用塑料桶，少量土可用大烧杯、洗脸盆等，向容器加水至4/5，充分搅动淘洗，将土块弄碎，使土壤中的根结线虫尽量都悬浮在水和泥浆中，沉淀3~5min，使泥沙沉下，线虫仍悬浮在水中。将水倾注套筛，粗筛上收集大的沙粒、根系等杂物，用325目和400目网筛，收集根结线虫，分别洗入烧杯内。卡勃过筛分离法的原理，主要是根据虫体的大小及线虫的密度比水小或与水的密度接近。线虫在淘洗过程中，可浮在水面或悬浮在水中，在过筛时，以虫体大小可以在不同筛目上收集线虫。

3. 离心悬浮法

利用50ml以上离心管，先装入含有线虫的水和泥浆，加入高岭土粉在1 500~3 000r/min下离心3~4min，倾去离心管的上清液，管底留下线虫和泥沙，再向离心管加入相对密度为1.18的蔗糖或硫酸镁溶液，搅动，使线虫和泥浆再次悬浮，在1 500~3 000r/min下离心15~30s，将上清液倾入500目的细筛内，用洗瓶小心洗入烧杯内收集线虫。离心悬浮法的原理是利用密度差异，将线虫从泥浆和杂物中分离出来，特别是应用不同浓度的蔗糖液或其他制剂（密度比水大），分离效果更好。一般均结合过筛法，可以快速分离大量样品。

三、土壤中根结线虫的分离方法

1. 贝尔曼浅盘法

贝尔曼浅盘法适用于从少量土壤标本和包含有根结线虫卵和幼虫的寄主植物根段组织内分离线虫，也可用于分离寄主根围土壤内的线虫。具体方法：首先混匀土壤或植物根段组织标本，将供试的土壤或根段组织均匀撒布在放置于直径17.5cm、20目的筛形塑料网或不锈钢网上的滤纸上（注意不能用铜网）。然后将盛土或根段组织的网放在铝制平底皿内，注水浸没土壤或根段组织。置于21~24℃温度下，并不断补充蒸发掉的水分，3d后从皿中收集线虫。如果线虫标样杂物较多，用500目的筛子淋洗汰除杂物。

2. 淘洗—过筛—贝尔曼浅盘分离法

该法适用于从土壤和植物根组织碎片内分离线虫。具体方法：将未混匀土壤或根组织样品放入淘洗器内，注水淘洗，静止片刻过筛，从孔径 10 目和 400 目的筛上分别收集根组织和土壤残留物，将收集的残留物放置于上具滤纸和支持网的过滤器上，注水浸没残留物，补充蒸发掉水分。放置在 21~24℃温度条件下，3d 后，收集线虫。延长时间可获得更多的线虫。

3. 离心漂浮分离法

适用于分离土壤中死的和活的根结线虫，对植物材料中的线虫分离效果不好。具体方法：在 250ml 的离心管内放混合均匀的土样 40g，加 150~200ml 水后，充分振荡成悬浮液，将离心管两两等重，包含土样的 4 只离心管放置在离心机内的相对位置上，按 2 000~2 100r/min 的速度离心 5min，使线虫沉淀于管底的土粒内。取出离心管，迅速倾去管内漂浮的杂物和水。每管另加 150~200ml 的 50%的蔗糖液，充分摇荡，使原先沉底的土样重新悬浮起来，再按照 2 000~2 100r/min 离心 5min，和上面土样水悬液的离心结果不同，此时仅土粒沉底，而线虫则悬浮于蔗糖液中。将蔗糖液倒进烧杯中，并通过连续的 25 目和 325 目小筛过滤，弃去 25 目小筛上的杂物，淋洗 325 目小筛上的残留物到计数皿中。用 325 目小筛子再过滤蔗糖液两次，淋洗筛上残留物的水液也集中到同一计数皿中待查。如果杂物太多，可以用离心漂浮法使之得到净化。必须注意，自加蔗糖液以后，实验操作要立即进行，因为线虫在高浓度蔗糖中不能持久存活。

4. 漂浮—过筛法

适于分离沙质土壤内的根结线虫幼虫，但没有离心漂浮分离法分离效率高，但在没有离心机的情况下，是较常用的方法。具体方法：取 100g 混合均匀土样放入 1 000ml 烧杯内，加过量 0.7mol/L 蔗糖溶液和 12.5mol/ml 聚丙烯腈絮凝剂溶液 500ml，用电动搅拌器搅动 20s，静止沉淀 2min。然后向 32 目和 400 目的套筛倾倒上悬液，用喷头淋洗孔径 32 目网筛上的线虫和杂物到孔径 400 目的网筛上。用洗瓶器淋洗孔径 400 目筛上的线虫和杂物到 150ml 烧杯内，用水量约 50ml 后摇动烧杯后，静止 5~10s，将线虫悬浮液倾倒至 500 目筛子上，淋洗滤出物至 150ml 烧杯内，用水量约 20ml。

5. 移注过筛法

此方法是改良的卡勃过筛分离法，用作接种和常规测试的线虫分离。添加聚丙烯腈絮凝剂可以减少网筛的数量。具体方法：将 500g 土样装入一大桶内，注入大量 12.5mol/ml 聚丙烯腈絮凝剂水溶液，充分混匀后，静止约 2min，将上悬液倾倒 32 目和 325 目套筛内。如需获得大量线虫标本，重复上述步骤。将获得的悬浮液倾倒入 500 目筛内，淋洗含线虫标样的滤出物进一步汰除杂物，计数。

四、植物材料中线虫的分离方法

1. 直接解剖分离法

这种方法简单易行、速度快。适用于分离根结线虫属线虫的雌虫。具体方法：洗净植物根表面，放在盛有适量水的培养皿中，置于体视镜下，用解剖针撕破根组织，观察里面是否有针头大小、乳白色发亮的颗粒状物，用挑针挑取或移液枪吸取颗粒物，置凹玻片上水滴中，在解剖镜或显微镜下观察是否为根结线虫雌虫。

2. 漏斗分离法

这种方法操作简单，适于分离根结线虫的二龄幼虫。它的装置是将漏斗（直径 10~15cm）放在木架上，下面接 10cm 长的橡皮管一段，橡皮管上装一个止水弹簧夹，5g 左右植物材料切碎后用双层纱布包好，轻放在盛满清水的漏斗中。经过 24h，由于趋水性和本身的质量，线虫离开植物组织，在水中游动，最后沉降到漏斗末端的橡皮管中。打开弹簧夹，用 5ml 的离心管收集管端内约 5ml 的水样，静置 20min 左右或按 1 500r/min 的速度离心 3min，倾去管内的上层清液后，用计数皿检查残留水中的线虫。

3. 浅盘分离法

浅盘分离法装置有两个不锈钢浅盘、特制的线虫滤纸和擦面纸组成。一个是正常浅盘，另一个浅盘口径小，底部为 10 目筛网，可套放于正常浅盘内。具体方法：将线虫滤纸平放在筛盘网上用水淋湿后加进 1~2 层擦面纸。切碎的供分离植物材料均匀撒在擦面纸上，从两个浅盘夹缝间注水，以淹没供分离的材料为止。处理过的浅盘在室温下通常保持 3d，然后用烧杯收集盘中的水。植物材料内较活跃的绝大多数线虫一般都在杯里水溶液中。为滤去过多的水和较大的杂物，用连接的 25 目和 325 目两个小筛过滤，弃去 25 目小筛上的杂物，淋洗 325 目小筛上残留物的滤液进到计数皿中。过滤过的水在 325 目小筛上再通过两次，在筛上的残留物经同样淋洗后，也加进同一计数皿中待检。大多数植物寄生线虫都能通过 25 目筛网，而 325 目筛网却能截住包括 400μm 左右长的小线虫。浅盘法是分离效率较高的一种方法。它对植物中较活跃线虫的分离都适用。不仅如此，用这种分离方法也能除去样本中更多的有机和无机杂物，从而获得相当澄清的线虫。

4. 雾室分离法

此方法是一种应用最广泛的从植物组织分离根结线虫的方法。具体方法：将待分离植物根或其他部位组织置于开放式漏斗上方的塑料杯内，该漏斗安装在中心具 2.5cm 塑料培养皿支持的另一漏斗上方。塑料杯上放抗湿性面纸过滤，以减少过多残杂物。定时喷雾（开 1min，关 2min），调节过水量，在 24℃ 温度条件下每 3~5d 从漏斗内收集 1 次线虫，用 500 目的网筛清洁线虫悬浮液。

5. 振荡器分离法

振荡器分离法用于测定植物根系组织内根结线虫的数量。具体方法：洗净植物根部，切成长 1~2cm 小段，称取 0.5~5g 植物根系样品放入 125ml 烧瓶内，浸于 10mg/ml 丁醚氯化汞溶液和 50mg/ml 的硫酸链霉素溶液中，用 100r/min 的振荡器培养 48h，用 400 目或 500 目筛收集线虫，淋洗液入 150ml 烧杯内。

6. 混合器——贝尔曼漏斗法

具体方法：洗净植物根部，称取 50g 待分离根组织，放于已注入 200ml 灭菌水的 1.9L 普通混合器内 15s。将混合器内的混合液，包括淋洗植物根部的水倒入 325 目的网筛内。用盛有含抗生素溶液的洗瓶，冲洗网筛上的滤出物至烧杯内，用洗瓶再次冲洗网筛，收集残留滤出物。将从网筛上收集到的滤出物悬液，转移到贝尔曼漏斗或浅盘过滤器。注入过量抗生素溶液至贝尔曼漏斗或浅盘过滤器，至溶液浸没过滤器内的滤出物为止。可补充蒸发掉培养液，保持浸没状态。在 21~24℃温度条件下培养 2~3d 后，收集线虫标本。

7. 培育分离法

对于用漏斗分离法不易分离到根结线虫雄性成虫的，可采用培育分离法。将遭受根结线虫侵害的植物根系采回后洗去表面土粒，放在培养皿中湿润的滤纸上培育 3d，用少量清水冲洗根系组织和皿底，检查水中线虫数量或将根组织放在有螺旋盖的玻璃中，加入几毫升清水，盖不要旋紧，在室温（20~25℃）下培育 3d，然后加 50ml 清水，盖紧盖子并轻轻振荡，后倒出悬浮液使其依次通过 40 目和 325 目网筛，用小水流轻轻冲洗 325 目网筛背面，冲洗液收集到记数皿或烧杯中，直接检查或离心后检查。从土壤中得到遭受根结线虫侵害的植物根后要马上冲洗和培育，因为 24h 后，有 50%的线虫会从根里爬出，冲洗时便被冲掉了。

五、根结线虫卵的分离方法

1. 振荡分离法

具体方法：混匀土壤，称取 500mg 的土壤标样，放入备用淘洗器内，将 350ml/s 的水流或 60~80ml/s 的水汽混流注入，淘洗

2~3min，根组织碎片停留在 32 目的网筛上。用喷头将网筛上的滤出物冲洗入 600ml 烧杯内，加入 1.5% 的次氯酸钠 20ml，喷撒防泡沫剂，在通风橱内搅动 10min 后，用常规筛重新去除碎残片，取 5ml 样品淋洗，淋洗液入 150ml 烧杯内。将此标样倾倒在 500 目的网筛内，冲洗网筛上的卵倒入 150ml 烧杯内。此时获得 20~25ml 卵悬浮液。加 2 滴 0.35% 的酸性品红溶液和 25% 乳酸溶液，在通风橱内煮沸 1min，此过程可以在微波炉内进行，冷却后计数。

2. 次氯酸钠法

次氯酸钠分离根结属线虫卵块的方法，已经被改良为用于接种卵的分离。在分离过程中尽量减少次氯酸钠的不利影响，尽管如此，一般情况下分离出的卵仅有 20% 可以孵化出具侵染性的线虫。具体方法：选取遭受根结线虫侵染的蔬菜作物根系，并将其切成长 1~2cm 的小段，放入 200ml 0.5%~1.0% 次氯酸钠溶液中，搅动 1~4min，将悬浮液快速经过 200 目和 500 目的网筛过滤，在 500 目的网筛上即可收集到游离卵。随即快速用冷水冲洗 500 目网筛上的卵，以除去残留的次氯酸钠。再次淋洗根段，用过筛法收集，以获取更多的卵。标定单位体积内的卵数量，即可用卵直接接种寄主植物。为提高接种试验的准确度，将卵置于 500 目尼龙孵化筛上，并将卵孵化筛放置在含游离氯气、1~2cm 深的水中。由于氯气挥发，可以接种前在实验室内保存 2~4d。收集孵化的幼虫用于后续的接种试验。

第二节　根结线虫种类鉴定

根结线虫分类研究是根结线虫研究的基础，早期的鉴定以形态研究为主，已有上百年的历史，其依据和手段有很大的变化和发展。Sasser 教授领导的国际根结线虫协作组通过大量研究，在 Chitwood 教授研究的基础上提出一套更为完整的综合鉴定方法，包括形态学、鉴别寄主、细胞遗传学、生物化学，利用这些方法可以较准确地鉴定根结线虫的种类，特别是常见的 4 个种，有些还能鉴定到小种，这些方法在根结线虫发展史上发挥过重要作用。近年来出现的分子生物学方法与形态学相结合，可以准确而又快速地鉴定出根结线虫属、种及其生理小种。

一、形态学方法鉴定

根结线虫分类鉴定包括形态学鉴定和分子生物学鉴定两个方面。形态学鉴定主要依据 Sasser 教授领导的国际根结线虫协作组公布的鉴定方法，其中包括根结线虫外部形态学特征和测量值，辅助鉴别寄主实验、生物化学方法等。分子生物学鉴定主要依据分子生物学的技术和方法，根据核酸 DNA、线粒体 DNA 和蛋白质等生物大分子不同，直接检测根结线虫种群之间和种群内部、群体间在遗传组成上的根本差异，从而鉴别不同的根结线虫种类。利用不同的鉴定方法，准确识别、鉴定不同的根结线虫种类和生理分化小种，为进一步研究其病害奠定基础。

1. 形态学特征鉴定

形态学特征是根结线虫鉴定的基础和依据，有学者提出雌虫的会阴花纹的重要性，早期的根结线虫分类都以其形态学特征和相关测量值相结合的方式确定其分类学地位，笔者认为，形态学特征将一直作为线虫分类的关键性状指标。根结线虫形态学鉴定分类的依据主要包括外部形态特征和内部结构特点，前者包括根结线虫的虫体形态、尾部特征、中食道球形状、背食道腺开口到口针基球的测量距离数值（DGO 值）、排泄孔位置、雌虫的会阴花纹、雄虫和二龄幼虫头部框架结构、口针状态等；后者主要包括生殖系统和消化系统的解剖显微结构等。根据 Hirschmann 对线虫形态学鉴定的论述，雌虫、雄虫和二龄幼虫是其鉴定的主要 3 个虫态，其他虫态由于外部形态的不稳定性，失去鉴定价值。在某些根结线虫种类中，由于缺乏雄虫或是雄虫数量极少，并且雌虫和二龄幼虫的形态特征十分明显，通过雌虫和二龄幼虫即可鉴定其种类。成熟雌虫形态不是线性，而是卵圆形到鸭梨形，但是由于受到生活环境的影响、生殖时期、虫态发育等各种因素，雌虫的体型变化很大，在种类鉴定中，雌虫虫体形态只是起到辅助作用，前段的颈的长短也具有多样性，整体上有大致范围，例如，爪哇根结线虫通常比北方根结线虫长，但是具体种类间变异很大。颈部前端的口针是种类鉴定的主要指标之一，口针的形态是从质的方面对其分析鉴定，主要包括锥体、基杆和基球的结构状态，尤其是口针基部球的高宽数值、各部位的连接情况等。口针长度测量值是从量的方面对其种类的分析鉴定。DGO 值在根结线虫种间的变化差异明显，通常为分类鉴定的重要依据指标。雌虫的头冠和头区特征、中食道球数值、排泄孔的位置等由于受外界条件影响大，变异性大，在鉴定中具有一定的价值。雌虫尾部的肛门、阴门及其周围的会阴花纹一般不受外界因素所影响，形态结构很稳定，尤其在种间，会阴花纹的特征是固定的，不会出现其他种类的特征变化。识别会阴花纹主要从其形状、测线、刻点、侧翼、阴门位置、肛门位置及阴门与肛门的距离等方面分析鉴定。根结线虫会阴花纹结构特征和测量数值是其形态学分类鉴定中最重要的指标。二龄幼虫虫体变化很大，侧区和半月体结构等特征在种的分类中几乎没有作用。头部的形状有圆形和方形的区别，在头区有无环纹也是鉴定种类的依据之一。二龄幼虫口针的特点、长度和尾部的测量数值，包括透明尾部的特征和测量数值都是重要的鉴定依据。雄虫头冠的形态、结构和 DGO 值具有较大的鉴定价值，其他形态结构变异性大，鉴定价值有限。

根结线虫有 3 种可鉴定的虫态，即雌虫、雄虫和二龄幼虫。研究发现根结线虫的会阴花纹形态稳定，是种类鉴定的主要依据。一篇关于根结线虫形态学方面的文章极详细地描述了根结线虫雌虫会阴花纹的形态特征和根结线虫与孢囊线虫的形态学差异。这些特征包括雌虫会阴花纹的形态、食道球形态，雄虫和二龄幼虫的头部结构、尾部形态及二龄幼虫透明尾端的长度，各虫态虫体口针长度、形态、背食道腺开口到口针基部球距离、虫体形态、雄虫交合刺、体宽等都可以作为鉴定的依据。近年来，扫描电子显微镜技术的发展为根结线虫形态研究和分类提供了一个有效工具，可以利用雄虫头部结构、雌虫和雄虫口针的特点对根结线虫进行鉴定。由于根结线虫种类较多，其形态特征在种内存在变异性，在鉴定过程中，除会阴花纹外的其他鉴别特征所起的作用是很有限的，而在种间又存在重叠性，这些特征对鉴定只能起到辅助作用。因此，形态鉴定需要相当丰富的经验和技巧，并且常常不可靠，只能鉴定一些比较熟悉的种，难以解决生理小种的问题。

2. 同工酶电泳技术鉴定

同工酶电泳技术出现后，被广泛地应用于生物学研究的各个领域。20 世纪 70 年代初，同工酶电泳技术开始被应用于根结线虫的分类鉴定。利用圆盘电泳分析了 4 种最常见根结线虫及其他几个属线虫脱氢酶和水解酶的表型，结果表明酶的电泳分析在根结线虫的鉴定中有重要作用，可以作为鉴别的标准，酯酶、苹果酸脱氢酶、磷酸甘油脱氢酶最能区分南方根结线虫和花生根结线虫。该项技术排除了基因表达产物中阶段性的特异性和随环境变化的多型性对种类鉴定的影响，从而快速、准确地鉴定出线虫的种类和生理小种。随着薄层聚丙烯酰胺凝胶电泳在单个雌虫标样上的应用，对大量根结线虫的研究表明，酯酶在鉴定中具有种的特异性。运用该技术研究了大量根结线虫酯酶、苹果酸脱氢酶、超氧化物歧化酶和谷草转氨酶的表型，提出用于常见根结线虫种类鉴定的酯酶和苹果酸脱氢酶表型标准图谱，再一次强调了酯酶在根结线虫种类鉴定中的重要作用，通过酯酶很容易将一些种类分开，对于酯酶表型相同的种，再分析苹果酸脱氢酶，往往都得以准确鉴定。

相关学者依据根结线虫的酯酶和苹果酸脱氢酶表型，调查了源自巴西的 90 个根结线虫群体。在我国，应用酯酶同工酶鉴定了 15 种根结线虫，也证实了酯酶在常见的 4 种根结线虫分类上的应用价值，成功地区分了北方根结线虫、爪哇根结线虫、花生根结线虫和象耳豆根结线虫。研究者应用瑞典 Pharmacia Biotech 公司的全自动快速水平电泳仪分析中国云南省根结线虫群体的酯酶和苹果酸脱氢酶，发现爪哇根结线虫的一条新酯酶谱带。通过分析华东六省 104 个根结线虫群体的酯酶类型，发现南方根结线虫的Ⅱ型，花生根结线虫的 A1、A2 和 A3 型，爪哇根结线虫的 J1 型酯酶类型。对我国 13 个省蔬菜、果树、花卉等经济作物上的 40 个根结线虫群体进行酯酶和苹果酸脱氢酶的鉴定，共发现 2 种苹果酸脱氢酶和 5 种酯酶同工酶表型。对 34 种作物根结线虫 83 个种群的酯酶和苹果酸脱氢酶进行了检测，鉴定出南方根结线虫、爪哇根结线虫、花生根结线虫和番禺根结线虫，其中南方根结线虫是最主要的根结线虫。鉴别寄主试验表明，南方根结线虫的优势小种是 1 号小种。运用同工酶电泳技术对陕南地区 18 个县区蔬菜上的 37 个根结线虫种群进行鉴定，结果表明 32 个种群为南方根结线虫，2 个种群为花生根结线虫，1 个种群为北方根结线虫，1 个种群为南方根结线虫和花生根结线虫的混合群体，1 个种群为南方根结线虫和北方根结线虫的混合群体。根结线虫同工酶表型进行分析的有利之处，首先在于电泳时制样简单，只要有成熟雌虫即可；其次是电泳结果基本不受环境条件的影响；再次，谱带类型一般不复杂，容易分析，可操作性强；最后，可用单个根结线虫雌虫蛋白质提取物的两种或更多种酶的表型，大大提高同工酶分析的灵敏度和稳定性。但是，根结线虫寄主小种的同工酶表型存在多态性，其稳定性和适用性受到质疑，该方法需要根结线虫的成熟虫态，同时需要大量的线虫样品才能获得可靠的结果，不适于最常见的二龄幼虫及其他虫态的鉴别和检测。同时，蛋白质的表达也可能受到未知环境因素的影响，这种影响可能会使人们怀疑同工酶鉴定的根结线虫种类的准确性。

二、生物化学方法鉴定

根结线虫早期的生物化学鉴定方法利用线虫体内不同蛋白质在

聚丙烯胺凝胶板上移动的距离不同，区分不同的根结线虫种类。一般把线虫放到缓冲液中充分研磨，提取物放到电泳仪中，以溴苯酚蓝作为对照，观察实验结果，确定不同的根结线虫种类。利用双向电泳实验研究线虫体内可溶性蛋白质的总体差异，确定北方根结线虫和伪根结线虫属于不同的生物群体。生物化学方法鉴定技术主要包括同工酶鉴定技术和细胞遗传鉴定技术。同工酶鉴定技术利用酯酶、苹果酸脱氢酶等的同工酶谱区分根结线虫种类。同工酶的表型十分稳定，不受环境条件、寄主植物的影响，并且4种常见根结线虫的酯酶表型区别很大，易于区分。有研究团队在1971年成功将同工酶技术应有到根结线虫的分类鉴定，而且根据酯酶表型绘制遗传进化树状图，发现苹果酸脱氢酶可以区分南方和花生两种根结线虫种类。通过系统地研究酯酶谱在根结线虫分类鉴定中的作用，发现酯酶是根结线虫分类中最具有鉴定价值的同工酶，可以酯酶谱为基础构建根结线虫系统发育树。研究者利用同工酶技术鉴定出80多个根结线虫，促进了根结线虫分类学的发展。同一时期，我国线虫科学家同样利用同工酶技术鉴定根结线虫种类，利用同工酶技术鉴定全国采集的15种根结线虫，并且确定在海南岛发现新的种类为象耳豆根结线虫。利用同工酶技术快速鉴定为害烟草和一串红的各种根结线虫，确定爪哇根结线虫是云南省烟草和花卉根结线虫病害的主要为害种群。细胞遗传鉴定技术是从细胞遗传特征入手，通过显微镜的观察，研究根结线虫不同种群个体细胞内遗传物质染色体的不同，区分根结线虫种类的方法。通过细胞固定、染色、观察，分析染色体数目，描述其形态，提供分类的依据，从而鉴定不同的根结线虫种类。由于根结线虫的生殖方式复杂，变异性大，相同种类根结线虫也同时具有多种生殖方式，有些时候，在不同生殖时间或环境下，相同个体的生殖方式都有不同的情况。另外，细胞遗传学方法操作困难，技术要求高，所以此种鉴定方法在根结线虫分类中应用范围较小。

三、鉴别寄主试验法鉴定

鉴别寄主试验根据典型的寄主反应，初步指明根结线虫的种类，并且能够探知不同根结线虫种类的致病特点。用烟草、棉花、辣椒、西瓜、花生、番茄建立了一套鉴别寄主的试验方法。利用这种方法可以鉴定4种最常见根结线虫的种和生理小种，还可鉴定新地区或新寄主上发现的新根结线虫群体，通常情况下结合形态学特征观察可得到更准确的结果。不过鉴别寄主试验在实际鉴定中的作用有局限性，该方法必须以形态学鉴定为基础，不能用于4种常见根结线虫以外种的鉴定，工作量大，试验周期长，而且根结线虫的种内在寄主范围上变异相当大，且不能对混合种群作出直接的判断，已逐渐失去在鉴定中的利用价值。

四、细胞遗传学方法鉴定

1975年，美国国际根结线虫协作组调查了3 500多个根结线虫种群的生殖方式和细胞遗传学特征，认为根结线虫的生殖方式和细胞染色体数目可作为重要的分类特征，有些种只进行有性生殖，有些种营有丝分裂孤雌生殖，而有些种营减数分裂孤雌生殖。研究者对根结线虫的细胞遗传学进行了深入细致的研究，发现经过漫长的进化过程，根结线虫的细胞遗传学变得很复杂，对染色体染色后，观察和分析其数目和形态，能在一定程度上提供有关线虫种类的信息。不过多数根结线虫属种的染色体数目基本相同，形状为简单的椭圆形或卵形，因此在染色体数目和形状上很难将其区分开。该方法需要特殊设备且操作繁杂，实践中已很少使用。

五、分子生物学技术鉴定

随着分子生物学的迅速发展，以DNA分析为基础的分子生物学技术很快应用于根结线虫的分类和鉴定。根结线虫的基因组只有

5 400 万个碱基对，在真核生物中是基因组较小的一类生物，对其进行 DNA 分析也比较容易。目前常用于根结线虫分类鉴定的方法主要有 DNA 探针、限制性片段长度多态性、PCR、随机扩增多态性 DNA、扩增片段长度多态性等技术和手段。这类技术揭示的是根结线虫 DNA 水平上的特征，它能反映出生物体最本质的信息，不受外界环境影响，灵敏度高，非常准确可靠；甚至能用 1 条二龄幼虫进行分析，为根结线虫种类的快速鉴定争取了时间。因此，分子生物学技术鉴定能够真实地揭示出种内或种间群体的遗传差异，为根结线虫的分类鉴定提供最具有说服力的依据，而且常常被用于根结线虫种下阶元的分类。

1. DNA 探针技术

某物种专化性探针是鉴定该物种最为可靠的方法。该方法是基于这样的假设，即任何生物体中都有区别于相近种的独特序列。最常用的探针克隆策略：先建立目标线虫的基因组文库，然后用限制性内切酶切割另一相关线虫种的基因组 DNA，经标记后扫描目标线虫基因组文库，不产生阳性信号的克隆，可能是含有目标线虫种专化性序列的克隆，筛选出的阴性克隆经打点杂交与亲缘关系较远的物种的基因组 DNA 杂交验证其物种专化性。DNA 探针根据其来源有同源探针和异源探针之分，根据其标记方式又可分为放射性探针和非放射性探针等。作为模式线虫的秀丽隐杆线虫，其基因组序列已完全测出，其部分基因与其他线虫有足够的同源性，可用于任一植物线虫的分类和基因克隆。另外，来自其他线虫的高度保守序列（如 rDNA、mtDNA 和卫星 DNA 的一些序列）也可以作为探针进行线虫分类鉴定研究。有研究者设计了一个 30bp 长的用地高辛标记的南方根结线虫物种专化性探针，利用克隆的异源 DNA 探针区分了南方根结线虫的 4 个小种；我国研究者利用从南方根结线虫随机分离的 *Mi* 探针分析了南方根结线虫、爪哇根结线虫、花生根结线虫的进化关系，并区分了这 3 种根结线虫。分离得到不同地理种群的南方根结线虫探针和指纹探针，从 mtDNA 中分离得到两种探针可用于鉴定南方根结线虫、花生根结线虫及其所有小种。DNA探针虽然灵敏度高，但需要同位素标记，非同位素标记的探针灵敏度不高，因而 DNA 探针的应用也受到一定限制，由于它具有繁琐、耗时、费力和需要 DNA 量大的缺点，现已被各种以 PCR 为基础的方法所取代，如 mtDNA 等。

2. 根结线虫基因组 DNA、mtDNA 及 rDNA 的 RFLP 分析

RFLP 技术（限制性片段长度多态性技术）是通过限制性内切酶对线虫 DNA 进行特异性切割后，经琼脂糖电泳、溴化乙锭染色，在紫外光下观察酶切片段在琼脂糖凝胶中的分布情况。不同种类的根结线虫因为 DNA 的碱基序列不同，酶切片段长度及数量有差异。种间亲缘关系越近，酶切片段长度及数量的相似性就越大。利用限制性内切酶 EcoR-I 对 4 种常见根结线虫种和其生理小种的总 DNA 进行酶切，虽然每个种群间有不同的 RFLP 片段，但这种片段一般较大，不利于分类鉴定。对 4 种常见根结线虫和奇氏根结线虫的 mtDNA 进行酶切，并通过产生的 RFLP 类型将其分开。可以利用异源 DNA 探针区分南方根结线虫的不同小种，也可以利用 RFLP 技术实现对根结线虫种类的分子诊断。相关学者构建了 94 个南方根结线虫生理小种的 32 个 DNA 克隆，利用上述 32 个标记的探针与南方根结线虫小种 3、花生根结线虫小种 1 和爪哇根结线虫的 DNA 杂交，展示了这些线虫的 DNA 多态性，并得到了编号为 3、9、10 的 3 个可用于根结线虫鉴定的探针。花生根结线虫与爪哇根结线虫间的亲缘性大于二者与南方根结线虫间的亲缘性。以后的研究也表明，这种方法适合于根结线虫种间群体的分类鉴定。mtDNA 是一种小的核外基因组，某一特异序列经扩增后进行 RFLP 分析，广泛应用于根结线虫的鉴定研究中，mtDNA-PCR-RFLP 是迄今已报道的最可靠的根结线虫检测方法。研究者测定了爪哇根结线虫 mtDNA 的全序列，明确了其基本结构。用 PCR 技术研究南方根结线虫等 8 种根结线虫的 mtDNA，可以得到不同大小的扩增片段，一些不能区分的片段则通过酶切进一步得到鉴别。从根结线虫单条

幼虫 mtDNA 中扩增出 1.8kb 大小的片段，并用限制性内切酶成功区分 4 种常见根结线虫。利用 PCR-RFLP 方法快速鉴定出澳大利亚的主要根结线虫及混合种群。在国内，核糖体 RNA 基因及其相邻的间隔区合称为 rDNA。真核生物的核内 rDNA 是一个多基因簇，以串联重复单位排列。其中两个内部转录间隔区 ITS-1、ITS-2 将 18S、5.8S 和 28S 基因分隔开。根结线虫 ITS-1 的序列只存在很少变异，相反其 ITS-2 的变异较大。分析北方根结线虫和奇氏根结线虫的 ITS 的差异并进行 ITS-PCR-RFLP 分析，发现用 ITS 基因技术可将二者分开，并且还能将二者与南方根结线虫和爪哇根结线虫区分开。分析花生根结线虫 rDNA 的变化，用单头松材线虫做 rDNA 的测序和 PCR 分析，然而，南方根结线虫、爪哇根结线虫、花生根结线虫 ITS 的 PCR 产物大小没有差异，也没有发现这 3 种根结线虫的 ITS 有差异，因此，利用 rDNA-ITS 的鉴别方法无法区分这 3 种主要根结线虫。另外，利用 DNA 序列分析进行根结线虫系统发育研究时，发现南方根结线虫、爪哇根结线虫、花生根结线虫这 3 种主要根结线虫 ITS 遗传变异较大，并且 90% 线虫个体的 ITS 序列差异性显著。采用 PCR 技术对来自全国的 10 个根结线虫群体进行 rDNA-ITS-RFLP 及其序列的研究，并结合形态学特征和形态测量值将这些群体诊断为 4 个常见种群和象耳豆根结线虫。对根结线虫的核糖体 DNA 的 ITS 进行研究，通过对荧光选择性扩增限制性片段分析和对 18S rDNA、ITS、26S rDNA 的扩增、克隆、测序一系列分析，成功地鉴定出花生根结线虫、南方根结线虫、爪哇根结线虫和最近描述的一个新种 *M. panyuensis*。用 PCR 扩增 rDNA，并设计出一种特异性引物，可用于区分出 4 种常见根结线虫与象耳豆根结线虫。运用 PCR 技术扩增 16 个不同地区和不同作物上根结线虫群体的 ITS 片段，并进行克隆、序列测定分析和比对，成功鉴定出 4 种常见根结线虫和番禺根结线虫。用 ITS-PCR 技术对北京大型蔬菜生产基地 21 份蔬菜根结线虫样本进行鉴定，结果表明侵染北京蔬菜的根结线虫为南方根结线虫。采用 ITS-PCR 技术对山东聊城 10 种蔬菜根结线虫 16 份样本进行鉴定，表明侵染蔬菜的根结线虫均为南方根结线虫。但是 rDNA 的鉴别方法无法有效区分主要根结线虫种类，也不能很好地揭示出南方根结线虫、花生根结线虫和爪哇根结线虫三者的系统发育关系。

3. RAPD 和 SCAR 技术在根结线虫鉴定中的应用

RAPD 技术（随机扩增多态性 DNA 技术）是以 PCR 技术为基础的一种分子标记技术，依据不同随机排列的寡核苷酸作为引物，对所研究的基因组 DNA 进行扩增，经琼脂凝胶电泳、EB 染色检测，扩增得到高度多态性片段。该技术已较成功地运用于根结线虫的鉴定。国外研究者利用 RAPD 成功鉴定出 4 种常见根结线虫及其生理小种。该技术可以用于分析在热带地区根结线虫的种间及种内的变异情况。研究者对 4 种常见根结线虫进行 RAPD 分析后，经聚类分析明确花生根结线虫与爪哇根结线虫亲缘关系较近，二者与北方根结线虫亲缘关系相对较远。我国研究者利用 RAPD 分析成功鉴定出南方根结线虫、爪哇根结线虫和花生根结线虫。对 4 种常见根结线虫进行 RAPD 分析，筛选出多态性较好的 11 个引物，其中 86 条是多态性谱带。对我国南方地区 30 个根结线虫种群进行 RAPD 分析，结果表明南方根结线虫与爪哇根结线虫亲缘性较近，并筛选出 12 个适宜引物。

SCAR 是序列特异扩增区域，SCAR 技术（特异性引物 PCR 扩增鉴定技术）是在 RAPD 分析基础上发展而来的，它是在 RAPD 产物测序的基础上再设计一对特异性引物进行 PCR 扩增的技术。通过对奇氏根结线虫和北方根结线虫基因组 DNA 的 RAPD 分析，筛选出具有北方根结线虫鉴定特征的特异性片段，经克隆测序后，设计出一对特异性引物，可以准确鉴定北方根结线虫。利用 SCAR 技术同样鉴定了奇氏根结线虫、伪哥伦比亚根结线虫、北方根结线虫。与此同时，根据南方根结线虫、爪哇根结线虫和花生根结线虫等 3 种根结线虫的 RAPD 标记，设计 3 对 SCAR 引物，可以快速准确地鉴定这 3 种根结线虫。用同样方法对南非的花生根结线虫、南方根结线虫、爪哇根结线虫、奇氏根结线虫和伪哥伦比亚根结线虫进行鉴定，可以鉴定其混合种群。针对巴西咖啡树上为害最严重的短小根结线虫、南方根结线虫和拟悬铃木根结线虫设计 3 对 SCAR 引物，可以对这 3 种线虫的基因组 DNA 及单条幼虫进行准确的扩增鉴定。也有研究者筛选南方根结线虫 RAPD 特异性片段 4 个、爪哇根结线虫 RAPD 特异性片段 3 个，通过这些 RAPD 特异性片段设计出 3 对 SCAR 引物，它们的组合能快速、准确地鉴定出南方根结线虫、花生根结线虫和爪哇根结线虫。这种方法的不足之处就是需要对 RAPD 产物测序，相对麻烦。

4. AFLP 技术在根结线虫鉴定中的应用

AFLP 技术（扩增片段长度多态性技术）是一种选择性扩增限制性片段的方法。在技术特点上，AFLP 结合了 RFLP 和 RAPD 的特点，既克服 RFLP 复杂、RAPD 稳定性差的缺点，同时又兼有二者之长，AFLP 多态性强，谱带丰富且清晰可辨，实验结果稳定性、重复性好。AFLP 技术可以定量分析，因此它可以作为共显性标记。采用 16 组引物对 15 个根结线虫类群进行 AFLP 分析，可以产生 872~1 087 个不同的多态性片段，种间和种内的多态性片段存在差异，花生根结线虫的多态性片段最多，而爪哇根结线虫的最少。AFLP 已广泛用于动植物构建遗传图谱、分析遗传多样性、基因定位等方面的研究。目前 AFLP 分析主要是用于研究根结线虫的种群间或种群内遗传多样性，但还没有利用 AFLP 分析直接鉴定根结线虫种类的报道。由于 AFLP 比 RAPD 提供的信息量更多，且重复性好，因此筛选具有种或者生理小种专化性的 AFLP 标记，将是作为种或小种鉴定的一种最有效的途径。

5. 根结线虫分子生物学技术鉴定

由于传统的根结线虫鉴定方法存在自身的局限性，不能完整地反映生物体遗传的本质信息，即使经典的形态学特征和测量值相结合的鉴定技术也存在一定缺陷，寄主和生活环境的变化对根结线虫的形态特征产生差异性影响，线虫性状表现型不稳定，鉴定出现偏差；有些根结线虫种间形态学测量值有重叠现象，干扰正确地鉴定过程和结果。近几年，随着分子生物学技术在线虫分类学科中的应用和发展，快速、准确的分子分类技术成为根结线虫种类鉴定的常规手段，由于分子生物学鉴定技术不受寄主、线虫虫态和环境条件的影响，直接稳定地反映根结线虫的遗传信息，越来越多的线虫分类学家开始重视分子生物学鉴定技术。根结线虫的鉴定主要基于线虫基因组差异和 PCR 技术。

通常采用以线虫 DNA 为基础的鉴定方法，DNA 可以从很少的样本甚至是一条线虫个体中提取，并且根结线虫的 DNA 不会随着外界环境条件、食物资源或是其他因素的影响而发生变化，并且随着分子生物学的快速发展和技术的变革创新，使从遗传物质本身研究根结线虫的分类成为可能。DNA 鉴定技术具有快速、可靠、准确的优势，迅速成为根结线虫鉴定的主要手段和方法。目前用于根结线虫分类的靶标基因主要是线粒体基因（mtDNA）和核糖体基因（rDNA）的内转录区的 ITS1 和 ITS2、18S 基因、28S 基因的 D2D3 区以及基因间隔区（IGS 区）。根结线虫 mtDNA 是双链、环状分子，碱基数比核基因组少，并且更新速率快，其中细胞色素氧化酶的基因（$CO\,I \sim CO\,III$）可以被用于根结线虫分类学、进化学研究。国外研究者通过细胞色氧化酶基因 $CO\,II$ 区分 4 种常见根结线虫和奇氏根结线虫。基于线粒体 Nad5 基因序列可以建立 3 种常见根结线虫检测技术，也可以应用 mtDNA 鉴定出番禺根结线虫，通过 mtDNA 的 $CO\,II$ 基因确定出象耳豆根结线虫，核糖体 rDNA 以基因簇为单位通过重复连接方式排列，形成 6 个结构部分，依次是外转录间隔 ETS 区、18S 基因区、内转录间隔 ITS1 区、5.8S 基因区、内转录间隔 ITS2 区、基因间隔 IGS 区。核糖体中的 ITS 区是真核生物鉴定常用的靶标基因，在研究 ITS 序列分析在丝状真菌鉴定中的应用，由于 ITS 区基因进化速率快，在不同种间变异性大，对 ITS 区特异性扩展，比对序列，分析种间差异，常用在根结线虫种的鉴定和分类。利用 ITS 区基因鉴定出形态学上十分相似的北方根结线虫、奇氏根结线和伪根结线虫，其 5.8S 区、18S 区、28S 区和 IGS 区基因比 ITS 区基因序列保守，更加适合于根结线虫亲缘关系分析和生物进化程度的研究。基于 5S 区和 IGS 区序列差异，可以设计象耳豆根结线虫的检测方法。也有研究表明，28S（D2/D3）区序列具有一定的物种识别率和遗传距离间隔，可以作为根结线虫鉴定条形码的基本标记序列。

28S 是核糖体大亚基的编码基因区，是 rDNA 中片段最长的序列，大约 5kb，为根结线虫系统进化发育研究提供大量的生物信息。在相对保守的 28S 区中有一部分进化速度较快的高变异性区域，如 D2 和 D3 扩展区，已经被用于线虫的鉴定和分类。核糖体大亚基上的 D2/D3 片段是最常扩展的区域，在 PCR 扩增过程中也是最容易扩增的片段序列。由于 D2/D3 扩展片段区含有量大遗传信息、基因扩增操作简单、便捷，常用于生物种间进化关系分析，目前已经应用到部分线虫种类的鉴定和系统进化分析，主要包括长针科、短体属线虫种群、种间及种内的进化程度、变异特性、系统发育等方面的研究。利用 28S-D2/D3 区序列可以分别鉴定出 Trischistoma 和 Tripylina 的新线虫种类，并系统地研究它们的亲缘关系和进化程度。根结线虫的 28S-D2/D3 区同样具有各种生物信息分析的特征和优势，结合 DNA 测序比对技术，直接扩增 28S-D2/D3 区基因，经过专业公司检测和获得 DNA 序列，在 NCBI 网站进行 GenBank-Blast 对比，选择基因库里储存的各种根结线虫种类的 DNA 序列，通过各种算法，构建遗传图谱，鉴定不同的根结线虫种类，分析不同种类根结线虫的系统进化树，确定它们的亲缘关系和进化程度。

根结线虫各类分子鉴定技术都是在聚合酶链式反应（PCR）的理论基础上衍生出来的，主要方法：限制性片段长度多态性（RFLP）技术、实时荧光定量 PCR（Real-time qPCR）技术、环介导等温扩增（LAMP）技术、DNA 条形码分析技术、随机扩增多态性 DNA（RAPD）技术和特异性引物 PCR 扩增鉴定（SCAR）技术等。RFLP 技术是用限制性酶特异性内切 DNA 序列，不同种类根结线虫的 DNA 碱基组成和序列存在差异，其被酶切后的片段的数量和长度不同，从而确定根结线虫的种类。利用 RFLP 技术可以区分常见根结线虫，并且鉴定出奇氏根结线虫。在某些线虫分类鉴定中，通过先扩增 ITS 区域，在 ITS 区域使用内切酶酶切，获得各种根结线虫的 ITS-RFLP 谱图，如应用在短体线虫种类鉴定。根结线虫的 ITS 区基因差异大，此方法不能准确揭示根结线虫系统发育的关系。Real-time qPCR 技术是将荧光基团加入 PCR 反应循环中，与 PCR 反应关联在一起，从物质量的层面研究 PCR 反应过程。此方法检测时间短、结果准确，但是操作困难，技术要求较高。LAMP 技术是在 60℃ 左右恒温条件下，短时间内的核酸扩增技术。两对内外引物在目标序列不同的位点同时扩增，增强其特异性。并且此种 DNA 扩增技术的检测不需要电泳检测和 PCR 仪器等，通过添加染料的方式，直接观察，但是引物设计困难、要求高，只能扩增 500bp 左右的短 DNA 序列。目前，此方法在根结线虫的鉴定中应用并不广泛，有待进一步的发展。DNA Barcoding 技术是选取一个长度较短的 DNA 标准片段作为参照标记物，通过 PCR 扩增、比对，区分不同的根结线虫种类。标准 DNA 的选择和应用要求片段短小，方便扩增，两端有保守性强的特异序列片段，具有显著的种间差异。mtDNA 中的 CO Ⅰ 基因常用作 DNA 条形码。目前线虫 DNA 条形码 CO Ⅰ 基因只局限于海洋自由线虫的鉴定分类。植物线虫的 DNA 条形码鉴定技术有待进一步研究。RAPD 技术是单链随机短引物（10bp 左右）对目标基因组扩增，检测其 DNA 的多态性，区分生物种类。该技术操作简单快捷、结果灵敏度高、多态性明显、样本 DNA 需要量少，因此 RAPD 广泛应用于物种种群确定、遗传图谱绘制、亲缘关系分析、线虫种类鉴定和系统进化发育研究。可以利用 RAPD 分析 4 种常见根结线虫的亲缘关系，设计、优化 RAPD 体系用于南方根结线虫不同居群间的遗传多样性和亲缘关系分析，运用 RAPD 技术鉴定南方根结线虫等常见线虫的种类。虽然 RAPD 技术具有很多优势，但是该技术检测结果重复性差，反应产物稳定性低，容易受外界多种因素干扰，性状特征不持久等缺点，因此在 RAPD 技术上开发设计出的 SCAR 技术被广泛应用。

SCAR 技术是 Paran 和 Michelmore 新开发设计出的分子标记技术，通过 RAPD 技术筛选目标生物种或生理小种的鉴定特征的目标引物，将目标引物片段进行标记、克隆和测定序列，进一步分析测定出的序列并设计出特异性引物，通常为 20 个左右碱基，用特异性引物对原先目标生物的 DNA 序列进行 PCR 扩增，这次特异性扩增会把 RAPD 片段相对应的物种特征性位点鉴别出来。由于 SCAR 技术采用的特异性引物序列较长，PCR 扩增反应所需退火温度较高，引物序列与根结线虫模板 DNA 的序列互补程度高，因此 SCAR 技术检测的结果稳定性高、重复性好，可以对大量样本同时分析，必将成为一种快速、有效和可靠的鉴定根结线虫种类的技术。研究者等利用爪哇根结线虫、南方根结线虫的 RAPD 片段，设计出特异性引物，可以从多种根结线虫种类中准确、快速地鉴定出爪哇根结线虫、南方根结线虫。利用 SCAR 技术，设计出 Fjav/Rjav、Far/Rar、Finc/Rinc 3 对特异性引物，可以直接检测爪哇根结线虫、花生根结线虫和南方根结线虫的卵、二龄幼虫、雄虫和雌虫等的任何一种虫态，甚至寄主植物被此三类根结线虫感染根部组织的 DNA 提取物也可以用于检测。对为害咖啡树的短小根结线虫和花生根结线虫设计 SCAR 特异性引物并鉴定，准确鉴定出各种根结线虫及其混合种群。设计专化性 SCAR 引物，构建分子诊断鉴定方案，同时检测出南方根结线虫、北方根结线虫、爪哇根结线虫、花生根结线虫、象耳豆根结线虫、奇氏根结线虫和伪根结线虫。开发设计象耳豆根结线虫的特异性引物和鉴定技术，针对我国南方地区常见的根结线虫种类，开发设计通用引物和特异性引物，从一个根结中同时检测出象耳豆根结线虫、南方根结线虫和爪哇根结线虫

3 种。研究者分别开发设计南方根结线虫、北方根结线虫、花生根结线虫和爪哇根结线虫 4 种常见根结线虫的 SCAR 特异性引物。采用已公布的特异性引物，通过 SCAR 技术确定云南省玉溪烟草种植区病原根结线虫种类有花生根结线虫、南方根结线虫和爪哇根结线虫，其中花生根结线虫是优势病原种群。利用 SCAR 技术检测番茄抗根结线虫 *Mi* 基因的分子标记。目前，SCAR 技术还没有在根结线虫种类鉴定和优势种群分析中广泛应用，还需要进一步深入研究。

　　虽然现代分子生物学鉴定技术具有诸多优点，但是其并不能完全代替传统的形态学鉴定方法，在根结线虫鉴定时候，形态学特征和相关测量数据仍然是分类的基础，简单依据基因序列做出主观判断是不正确的鉴定方式，充分发挥形态学鉴定和分子生物学鉴定各自的优势，将两者相互结合、相互参考、取长补短，才能得出更准确的鉴定结果。

第三章　根结线虫病害的综合治理

目前倡导"公共植保，绿色植保"理念，进入植保技术发展的崭新阶段。绿色植保就是把植保工作作为人与自然和谐系统的重要组成部分，突出其对高产、优质、高效、生态、安全农业的保障和支撑作用。以采取生态治理、农业防治、生物控制、物理诱杀等综合防治措施，确保农业可持续发展，即是有害生物的综合治理（Integrated Pest Management，IPM）。以选用低毒高效农药，应用先进施药机械和科学施药技术，减轻残留和污染，确保人畜和作物安全，生产"绿色产品"，以防范外来有害生物入侵和传播，确保环境安全和生态安全。根结线虫的防治是一个世界性难题，根据蔬菜根结线虫的发生特点和其生活习性，必须采用"预防为主，综合防治"的策略，遵循绿色植保的理念，按照无发生区、轻发生区、中度发生区、重度发生区的划分，因地制宜分类防治，既能有效控制根结线虫的为害，又能获得较高的投入产出比，达到经济、安全、有效地控制根结线虫为害的目的。

第一节　综合治理的重要性

全球每年因线虫病害造成粮食和纤维植物的损失约为 12%、造成果树和蔬菜的损失超过 20%，总经济损失超过百亿美元，而长期依赖及超量使用农药防治线虫，导致严重的生态问题，诸如抗药性线虫的增加、伤害天敌及其非靶标生物，同时有些杀线虫剂具有长效性及生物蓄久性，很有可能会污染环境并危害人体健康。为了维护环境安全，提倡可持续农业的发展战略，响应我国"预防为主，综合防治"的植保方针，治理线虫病害时我们应尽可能从生态的角度考虑，尽量避免或少用杀线虫制剂，采取绿色、安全、持久的防治措施。

第二节　综合治理的概念及其内容

"系统地考虑害虫的种群动态及其有关环境，利用所有适当的方法与技术以尽可能互相配合的方式，把有害生物种群控制在经济为害水平以下"即 FAO 专家组所说的主要着重于考虑成本、经济效益、产品质量和环境质量的综合治理。

从生态学和系统论的观点出发，针对整个农田生态系统，研究生态种群动态及其相关的环境条件，采用尽可能相互协调的有效防治措施并充分发挥自然抑制因素的作用，将有害生物种群数量控制在经济损害水平数量以下，并使防治措施对农田生态系统内外的不良影响减少到最低限度，以获得最佳的经济、生态和社会效益。

植物病原线虫大多是土传病原物，即使是寄生在植物地上部分的线虫种类，其生活史的很长时间，特别是越冬或休眠、侵染都处于土壤之中，这些特点说明治理植物寄生线虫适合实施综合治理方案。

一、综合治理历史

综合治理是考虑经济、生态及社会的综合效果，它涉及治理、估价和发展等不同学科的领域，是一门多学科间的综合应用科学。它早在 1914 年就有历史记载，当时是应用于治理挪威一苹果园里的害虫，是在昆虫学家们关心化学农药引起的害虫的抗药性、影响人类的健康、污染环境等一系列问题时首先提出这一名词的。1962年《寂静的春天》的出版及美国公开禁止使用 DDT 等化学农药的措施极大地促进了综合治理的发展，并在全球引起足够重视，许多国家相继建立不少研究中心，如 CIPM、CICP 等，1977 年 USDA

（美国农业部）认为采用综合治理的方法、系统和策略是切合实际并有效节能的，应进一步完善实施和推广应用，不久就建立了综合治理研究组，更加深入地探讨综合治理具体策略，仅1977—1979年，国际上就已有不少关于综合治理的文章发表，据USDA报道全球有不少基金项目用于综合治理的专项研究。线虫综合治理作为一重要领域也引起了人们的普遍关注。近年来，人类日益关心自己的身体健康和生存环境，综合治理面临良好的发展机遇，定会日益繁荣兴盛起来。

二、综合治理程序

1. 生物监测

生物监测主要是估计线虫的群体数量，可能出现的生防因子及作物的生长状况，严重程度是否在经济阈值以下，从而决定是否采取防治措施，在接下来的作物生长期间，一定要对线虫群体的数量保持高度警惕，对决策者来说，这是至关重要的，许多情况下，需要同外部监测、顾问、公司等共同合作，商议制定合理措施。苹果园的生物治理就是一个很好的例子。由于线虫病害大多不易监测，所以这点是决定能否对有害线虫及时防治的重要因素。发现病害后，在了解其时空分布的基础上要正确取样、及时诊断以及准确估计线虫数量，都是决策者考虑防治方法的参考因素。

2. 环境监测

综合治理需要宏观和微观的气候学数据，帮助决策者应用软件来预测系统的环境。线虫的发生发展、生防因子和作物的生长同环境有很大关系，当然许多环境是不可人为调控的，但监测可以帮助我们预测整个防治系统即将面临的环境，采取更适当的方法以便更加准确的防治病害，相对稳定地发挥线虫综合治理作用。

3. 决策支持系统

决策支持系统是管理科学的主要组成部分，正被融入专家系统和人工智能中，计算机模拟系统在综合治理中的作用日益受到重视。

4. 决策者

决策者通常需要在了解害虫的生物学、系统治理及治理对环境的影响等基础上快速准确地决定防治策略。

5. 综合决策

综合决策包括排斥或避开线虫、根除或抑制线虫及控制线虫种群数量或不采取任何措施任其自生自灭等方法。

6. 系统评价

系统评价是 IPM 的最后步骤，即通过生物和环境监测进行估价。在每个步骤完成后，跟踪监测的数据，评价其是否达到预期效果并且是否有必要采取下一步措施。

三、综合治理主要措施

线虫综合治理的综合决策主要包括以下几方面：排除或避免有害线虫、根除或围堵有害线虫及有害线虫数量的控制或不采取措施。

1. 排除—避免

一定数量的植物寄生性线虫在适宜的环境条件下可以定殖未受侵染的寄主，排除线虫的方法主要是严格进行植物检疫，由于许多种类的线虫仅在局部或少数国家发生和为害，其自身移动或自然因素传播的距离很有限，通常是远距离的传播造成线虫病害。传播途径主要通过携带线虫的种苗、植物产品和包装材料的调运等途径。这种传播不仅迅速，而且可以达到人迹可至的任何地方。那些原来在局部地区发生的危险性植物线虫，一旦传入新区往往迅速繁殖扩大为害，有的可能由于新区的环境条件比原产地更适于线虫的发育，或新区全无抵御此线虫的自然天敌，使线虫毫无阻挡地繁殖。线虫大多是土传病原物，一旦落入土壤则很难防治和根除。所以，要严格进行植物检疫尤其是局部地区发生和在播种材料里越冬或越夏的线虫，从而在生产或供应阶段解决许多潜在的线虫问题。

2. 根除—围堵

线虫一旦发生和定殖，要根除是不太容易的，除非在温室等较小的有限范围内，相对来说围堵是较为可行的办法。如在柑橘园中挖沟后用化学农药隔离线虫等围堵方法已经比较成熟，但化学农药可能造成土壤腐蚀、减少土壤中有益微生物、污染环境，而且所需经济成本较大，考虑到以上种种因素，还是要严格控制化学农药的用量。

3. 线虫的数量控制

目前，应用的数量控制策略主要包括植物检疫、生物防治、农业防治、抗性品种防治、物理防治和化学防治等多个方面。

第三节　综合治理的有效途径

一般来说，植物寄生性线虫的病害防治难度较大，线虫的 IPM 治理要求农民尽量采用生态方法把有害植物寄生性线虫的数量控制在其对作物造成显著损失水平以下，最好能在抑制植物寄生线虫及其相关植物病害发生的同时建立并保持有益的微生物群体，许多生态问题使农民在选择无污染或减少污染的线虫治理方法时面临很大的压力。目前，成功防治线虫普遍采用引入或增强原有生防因子的方法，其目的主要是为了提高土壤的生物活性，在保持土壤优良结构、良好营养的同时具有一定的抗病能力。当然，单一的生防因子其防治效果不可能像化学杀线虫剂那样迅速，需要同其他防治因子结合使用。目前，引入生防因子的途径主要包括以下几方面。

一、优化微生态环境

改善栽培条件促进有害线虫天敌的生长和繁殖。提供有益天敌微生物良好的土壤环境来帮助它们更好地防治线虫一直是线虫学家所密切关注的问题。土壤中机会菌物的大量生存需要合适的 pH 值，采用石灰、氨或肥料等物质来改变土壤的 pH 值，使其更容易侵染和杀死线虫；*Catenaria* sp. 的游动孢子对铜离子很敏感，任何含二价铜离子的杀菌剂或肥料都能抑制其生长；洛斯里被毛孢在 $30\sim300kPa$ 的盐溶液中对 *Criconemella xenoplax* 的侵染概率比在去离子水和自来水中大很多。一般来说，随着土壤有益微生物的增加，在减少线虫数量的同时，还可使防治线虫的无脊椎动物的数量增加 $4\sim7$ 倍。

通过提供不利于线虫生长的环境因子也是防治方面很关键的环节，可以灵活应用土壤温度、湿度和通气状况等条件来防治线虫。具体来说，温度会影响线虫的生长和发育，有的还会影响到滞育及其在土壤中的分布，它是制约线虫活动的因素之一，在早期低温期播种的甜菜和马铃薯往往收成较好。合适的土壤湿度直接影响到线虫运动、正常功能的发挥、数量的增长等重要方面，高湿可减少土壤中的含氧量，而低氧条件下更易于真菌生长及侵染杀死线虫，尤其对那些杀线虫的机会菌物效果更好，高湿可增加 *Nematophthora gynophila* 和厚垣孢普可尼亚菌对大豆胞囊线虫的自然控制，土壤在高湿条件下可以控制 *Tylenchorhynchus martini*。同时会因土壤中产生过多的 H_2S 而杀死线虫。土壤的质地和类型也会影响线虫的活动能力，根结线虫在沙质土壤中比在黏性土壤中繁殖更快，为害更严重。

1. 轮作

轮作非寄主作物及种植抗病品种是通过阻止植物寄生性线虫的继续繁殖来防治线虫。通过实践摸索，现在已经有许多轮作成功的典型事例，例如，控制大豆胞囊线虫可通过轮作玉米、小麦、棉花等非寄主植物 $3\sim4$ 年，防治寄生在番茄上的南方根结线虫和爪哇根结线虫可和花生轮作，控制为害双子叶植物的北方根结线虫可与玉米轮作。轮作还可以很有效地防治甜菜胞囊线虫，把油渣和油菜籽结合轮作施于马铃薯田地里，不仅 *M. chitwoodi* 数量显著减少，而且可增产 85%。同万寿菊轮作可对多种线虫产生抗性，既能有效控制线虫数量，还可作为绿肥帮助作物更好的生长。一般来说，寄主范围较窄的线虫，轮作的效果较好，而对寄主范围广泛的线虫，尤其是那些非寄主作物缺乏经济价值的时候，轮作难度较大。当然间作、多种植物轮作、条带种植等视其具体情况采用不同的形式。种植作为绿肥的轮作植物抗病可在减少线虫数量的同时提高作物产量，它对非靶标生物的影响远远小于化学防治。最近有研究表明轮作抗病品种还可以容忍较低水平的线虫。实施轮作的时候，需要注意控制杂草寄主及避免轮作作物引起非靶标线虫的大量繁殖，另外病原线虫的繁殖能力、土壤中的存活时间和存活能力、群落结构、致病性的变化、轮作作物的抗病性和经济价值及与土壤的适合度等都是需要考虑的因素。种植无病品种、抗病品种、掌握植物间距、改变播种期、最适生长条件等都是轮作时要考虑的问题。

2. 施肥

施肥可以提高植物的抗性，促进根系发育，减少营养损失。施磷肥可增加禾谷胞囊线虫数量；谷地里施氮磷钾可增加短体线虫数量，同时却减少螺旋线虫数量。土壤中加入农家肥和堆肥可以显著减少马铃薯地里的禾谷胞囊线虫数量，鸡粪可以减少胞囊和柑橘线虫，使马铃薯和柑橘的产量增加，堆肥的降解物对线虫没有明显的效果，有可能是因为这些物质降解速率较低，影响线虫的有效成分浓度太低等，实验证明如果能保持较长时间，它们是可以促进线虫天敌微生物活力的。有机质含量高的土壤，天敌微生物往往活跃，土壤中施入绿肥可增加某些食线虫菌物的数量及其活性。绿肥在抑制线虫方面主要有三方面的机制：生物学（土壤中的微生物同病原菌竞争营养、空间、水分及直接的捕食或寄生）、化学（在降解过程中产生对线虫有毒的物质，抑制其发生发展）和这二者的结合。修剪废弃的灌木枝条、树根基部的枝芽、生活垃圾等都含有大量的植物源有机物，同时有些作物种子如油菜籽等也是防治线虫很有潜力的绿肥，还有好几种绿肥也可有效抑制线虫的数量和侵染程度，种植覆盖作物如苏丹草，它在土壤中分解后可产生杀线物质，当然本身也可作为绿肥，能减少根部受损程度，从而增加产量，探索这些影响线虫的物质及其消长动态是很有生防潜力的。

二、利用土壤添加剂

线虫 IPM 增强植物寄生性线虫治理方面最典型的办法就是添加有机物。有机添加物是土壤最重要的组成部分之一，土壤的许多物理、化学和生物性质都与有机物相关，它主要有以下几方面的功能。

一是可增加自由生活的线虫数量和食线虫菌物的数量，减少植物寄生性线虫的数量，自由生活的线虫可加速有机物的降解，加速氮和磷的矿化，并释放出促进植物生长的营养，它还能有效刺激捕食性线虫数量的增加。

二是可刺激土壤微生物活性，增强相应的酶活性，增加那些可导致线虫死亡的有益微生物或其代谢物。

三是优化土壤结构，使土壤更易保水和进行离子交换、营养吸收来促进植物生长。如在高有机物含量的粗糙土壤中捕食性线虫 *Mononchus sp.* 的量相当大，土壤中加入恒定的有机物可在减少寄生性线虫 63% 的同时增加有益节肢动物 4~7 倍，番茄园土壤中加入油渣、骨灰及角质物可成倍的减少线虫数量并促进番茄的生长。

四是有机物的含氮量可影响其对线虫的防治潜力。一般来说，有机物对线虫的防治潜力同其含 N 量成正比，即同 C∶N 成反比。例如在某种氮的水平上，根结线虫侵染烟草抗性品种时引起穿刺巴斯德芽菌密度增加。

五是会加快代谢或释放某些直接作用线虫的物质，其中有些物质对线虫甚至有致死作用，如种植的苏丹草生长起来后埋入土里，其腐烂物可作为杀线虫剂。十字花科的植物降解以后对植物病原菌如线虫有抑制作用，还能促进作物生长。壳质和壳质废弃物有很强的杀线虫活性，它在降解过程中产生刺激细菌或放线菌更好地侵袭线虫的卵壳，同时释放氨气抑制线虫数量。

六是能影响腐生性线虫使其产生某些对植物寄生性线虫身体结构有不良影响的酶，从而达到防治效果。

七是能给有益微生物提供较好的营养，如有机碳和钾、钙、镁等矿物质，不同添加物的防治效果因防治对象的不同而有很大差异。在高有机物含量并且结构良好的土壤中，作物根际可产生大量食线虫的无脊椎动物；叶子、种皮、种子浸出物、锯末对几种线虫的防治很有效，尤其是油渣已被广泛应用于线虫生物防治，并取得显著效果；土壤中加入甲壳类物质可增加对大豆胞囊线虫的防治效果。

八是增加植物对土壤中营养的利用率、给植物生长提供有利的环境条件可调整土壤 pH 值、刺激根部的发育、提高土壤的缓冲能力、增加生物活性并有利于碳氮循环。

但是，有机物的作用也不是万能的，它在一定程度上支持了土壤微生物的繁殖增长，却并没有增加食线虫菌物的杀线虫活性，研究表明，土壤中加入有机物后，洛斯里被毛孢的杀线虫活性反而有所降低。为了增强添加物的防治效果，人们曾尝试了添加物的许多引入方法，如某些食线虫真菌在废弃有机材料上大量生产后移入土壤。引入某些食线虫真菌可以促进土壤中降解物的进一步分解，供淡紫拟青霉吸收或更多更快地产生可防治线虫的代谢物，淡紫拟青霉可寄生于根结线虫的卵，在田间也有生防能力，把其在叶子上同甲壳质混合后施入土壤有效防治根结线虫。把淡紫拟青霉和穿刺巴斯德芽菌一起加入土壤控制根结线虫效果更好。另外在土壤根际使用促生剂，促进天敌生物繁殖，如在土壤中施用虾蟹壳等几丁质类物质，可大大促进捕食性或寄生性线虫的真菌和放线菌生长。

三、转移抑病土

将抑病土按一定比例掺入病土，帮助病土获得抑病能力。在线虫虫口数量较高时，大量拌入抑病土，达到降低虫口的目的。在环境条件适宜、线虫数量较大时，这种方法可较为迅速地定殖并发挥作用，但在环境条件不适时，防治效果会受到很大影响；而少量、多次向土壤中补充抑病土则会逐渐增加土壤的抑病程度，这种补充抑病土的方法会保持较高水平的生物多样性、虫口密度之间的关系。抑病土与环境相容、对有害的植物寄生性线虫有持续的控制能力，研究其具体的应用策略为线虫防治提供更合理更持久的控制方式。一般在大量引入抑病土之前，会对土壤进行前期处理，先高温处理掉某些不利于生防菌株定殖的微生物，保证抑病土尽其可能地发挥作用。

四、直接引入杀线虫微生物

淡紫拟青霉是土壤及多种植物根际习居菌，同时是一些植物寄生线虫的重要天敌。近年来，国内外开展了利用淡紫拟青霉防治根结线虫的研究，研究其对南方根结线虫的防效和生物学特征，并报道其有良好的防治效果，并能促进大豆增产。土壤中的食线虫真菌有个别已经开发为可进行大规模生产的真菌生物农药，如国外的 Royal-300、Royal-350，国内从淡紫拟青霉中筛出 M-14 制成保根菌剂，其防治大豆胞囊线虫病平均防效达 66% ~ 68%，增产 17.3%。将生防真菌用海藻酸钠制成微胶囊，可以提高成活率，增强其对目标物的侵染能力。某些有关信息素和生物调节剂和杀线虫工程菌株的研制开发都有很大的潜力，加快了生物防治的推广应用进程。

第四节　综合治理的发展趋势

可持续农业是农业发展的最终发展方向，它不但强调农业生产的经济效益，而且更加注重生态环境的建设和社会的持续进步，因此线虫的综合防治必须兼顾持续增产、人畜安全、环境保护、生态平衡等多方面要求，坚持实行综合治理方案。线虫综合治理实际上是人们在特定的社会、经济和政策环境下，不断加强对作物系统有害生物演变的生物学和生态学机制理解的基础上开发适用性治理技术，从而确保农业生产的持续发展。

一、土壤的保健

植物会受土壤中某些严重病原微生物的影响而发生病害，其根部病害的发生频率和严重程度是土壤健康程度的直接表现，可用来间接估计土壤的健康程度，农作物中大量的植物寄生性线虫表明生态系统不太健康，而土壤中高水平的有益微生物及数量较少或活性较低的有害微生物表示土壤的相对健康。线虫的群体分析可作为衡量土壤健康的有力工具，研究长期的土壤治理对线虫营养水平的影响，在12年持续性农业耕作系统研究中对线虫群体传统方法设3个营养水平，分别是富集（EI）、基础（BI）和沟渠引入（CI），比较三种治理方法导致的土壤结构（SI）差异。结果发现高 BI 表现出较差的生态系统健康，BI 和 CI 对线虫抑制的长期作用中是较为适合的健康指示作用，而 BI 和 SI 更适合于土壤健康的指示作用。高 BI 表示生态系统健康程度不好，高 SI 表示治理良好的较为健康的生态系统。

土壤微生物对土壤质量和土壤健康水平影响很大，它可以降解有机物、促进营养物的矿化和氮的固定、抑制作物害虫及保护植物根部，当然也有寄生和伤害植物根部的微生物。但土壤中较高含量的有机物可一定程度地抑制植物病原菌，同时高含量有机物和多种类大量有益微生物还可帮助我们更好地控制有害线虫的数量。选择适当的作物栽培方法（覆盖作物和轮作、堆肥、耕地），提高土壤质量和健康水平，是增加那些影响土壤质量和作物产量的有益微生物数量的主要方法，同时限制和防止有害生物对作物根部的为害，它们对土壤长期持续性的健康状态是很重要的。目前认为影响土壤健康的因素主要包括土壤有机物的数量、土壤 pH 值、营养的平衡、湿度、土壤中颗粒物的含量等，研究表明营养过剩和相对营养平衡会影响害虫对植物的为害，营养的不平衡会增加植物对害虫的感病性，同时受害植物较难恢复，还易被病原菌再次感染。目前已经有不少研究关注土壤中那些能持续提高土壤质量，促进作物产量和提高土壤健康状况的治理方法。土壤熏蒸和化学防治二者结合控制草莓的黑色根腐、有害线虫、土传害虫和杂草，曾经有人尝试结合熏蒸剂和添加有机物的办法来帮助土壤尽快恢复健康，当然不少方法都要因地制宜，根据土壤性质、作物特点和土壤现状等具体条件具体对待，总之要最小污染、最低成本、最大限度保持土壤的持续健康。由于所有栽培措施都会直接或间接地影响土传病菌和病害的严重性，所以选择适当的栽培方式限制或防止根部病害的发生，促进长期的保持土壤质量和健康是很必要的。

二、生物精细综合治理

近年来的发展逐渐转为生物精细综合治理，它是一种在了解害虫生态的基础上治理害虫的系统，首先了解自然和较为准确地诊断害虫引起的问题，依赖于预防和生物防治等方法使害虫数量处于可接受范围，在其他措施都没有很好效果时最后考虑化学农药，还要尽可能减少使用。它是在农业系统设计及决策时全面考虑生态和经济因素，强调环境质量和食物的安全性，这种方法可减少化学产品的成本，减少田间和收获后的环境影响，从而更加有效和持续地治理害虫；另外，还能减少燃料的使用、减少机械及化合物的合成、减少环境污染，总之，对作物生长及社会的发展都有好处。生物精细综合治理是从生态角度上提供有效治理害虫方针同时保护有益微生物，它有很强的灵活性和与环境的相容性，可用于多种作物系统。

同传统的综合治理相比，生物精细综合治理更注重于主动地重新设计那些不利于害虫而有利于害虫的寄生物或捕食者的农业生态系统，当然两者有许多相同的组成部分，如监测、决策等。生物精细综合治理主要分为两大部分，即前处理和后处理。前处理指传统的农业栽培措施，如生物活性较高的健康的土壤，提高有益微生物的数量，种植适当的植物品种等；后处理主要涉及生长作物对环境条件的反映，主要包括化学、物理、生物防治等方法。

三、亟待解决的问题和需要加强力度的工作

综合治理是治理有害线虫的一种灵活而有价值的方法，是处理农业经济、协调物理环境的一种工具。线虫综合治理涉及许多线虫生物学及其治理方面的知识，是多种防治措施的整体统一，要搭配应用以减少（轻）病害、增加产量、减少污染、防止品种产生抗性、生产无污染的健康产品等，所有的措施在线虫综合治理中都应该得到最合理的组合应用，各种措施的有机协调既能防止单一措施造成的弊病，又能有效阻止线虫对任何一项防治措施产生抗性，同样任何一项防治措施，都不能孤立地对待一种线虫或病害，都要从农田生态系统的有机整体出发来系统地解决问题。

目前，应该加强以下几方面的问题的研究。

一是不断完善生物监测、环境监测的技术。现在诸如 GPS（全球定位系统）、GIS（地理信息系统）、RS（遥感技术）、VRT（可变速率技术）及 PF（精密农业）等技术的发展，都极大帮助了决策者把握相对准确的防治信息。

二是要加快发展生物技术，如抗病基因的研究和工程菌株的构建等，虽然目前能够大规模生产的商品很有限，但这方面的研究是

很有潜力的。

三是加强应用线虫自然产生的如信息素之类的生物调节剂之类的物质，研究表明由于生物调节剂打破了线虫的正常生活史，所以可以减少土壤中线虫的数量。

四是从作物生态系统的整体，理解群落演变和主要病害成灾的机制，开发通过改善生境条件和农业技术，促进自然控制作用的技术，降低种群增长速率，实现有害生物的持续管理。

五是从有害生物的综合治理实施体系整体，探索综合治理的理论和技术、具体实施各个环节的差距，发展促进综合治理技术落实于田间的途径，缩小理论和实践的差距。

六是应该建立有利于有害生物综合治理的社会、经济和政策环境，培养农民对有害生物综合治理的重要性和实施的必要性的认识，推动其进一步发展。

第四章　根结线虫病害的植物检疫

　　检疫实际上就是法规防治，是通过国家立法并授权检疫机构，制定和强制执行法规，完成检疫目的的一种防治措施。检疫是为了防止人们在进行各种经济贸易活动和社会交往中，人为地传播危险性植物线虫，从疫区进入未发生区。植物线虫病害常可以通过种苗或种薯等无性繁殖材料传播，有些线虫则可以通过种子传染。例如，马铃薯金线虫可通过种薯传播，椰子细杆滑刃线虫可通过种坚果传播，小麦粒线虫和水稻干尖线虫均可通过种子传播，而松材线虫则可通过介体昆虫传播。更可依靠潜伏在木板包装材料中的天牛，携带线虫而广为传播。土壤中的线虫还可随土壤传播，因此货物、包装材料和矿石等都可能因本身带有线虫或混杂有泥土，将线虫传播到异地。而有些植物线虫一旦传入某个地区后，将很难控制，例如，我国大豆胞囊线虫，从黑龙江省传到辽宁省后，给辽宁省大豆生产造成很大的损失。

第一节　植物线虫病害检疫的任务和重要性

　　许多危险性的线虫往往仅在局部地区或少数国家发生和为害。线虫自身移动或自然因素传播的距离很有限，通常是人为因素远距离传播危险性植物线虫病害。在人为因素中，主要是携带线虫的种、苗、植物产品、带土材料和包装材料等的调运。这种传播是迅速的，极为有效的，可以达到人迹可至的任何地方。这些原来在局部地区发生的危险性植物线虫，一旦传入新区往往会迅速繁殖扩大为害，有的可能由于新区的环境条件比原产地更适于线虫的发育，使线虫毫无阻挡地繁殖。同时由于线虫多是土传病原物，一旦落入土壤中很难防治和根除。对于在播种材料里越冬或越夏的线虫，又是局部地区发生，要严格执行检疫制度，线虫病害是土传病害，一旦传入很难根除。有些线虫病害的确是在土中越冬，但是它们的休眠形态，可以混在土粒里，在脱粒时混在种子里，在远距离调运种子时可以携带，也应该注意检疫，如大豆胞囊线虫等。目前，在欧洲、美洲为害严重的马铃薯金线虫、甜菜胞囊线虫，中国尚未发生，一定要把好检疫关，严格控制其传入境内。对外开放，大量的苗木和花卉带土引进，这是最严重的问题。有些是国内的对内检疫对象，仅限局部地区发生，要防止疫区扩大。

历史上，由于危险性植物线虫病害传入而酿成巨大祸害的事例颇多。引起甘薯块根腐烂的茎线虫，是 1937 年随日本侵略者传入中国的，首先在山东省青岛李村发现，以后逐渐传播到山东省各地、华北数省以及辽宁等地，给中国甘薯生产造成巨大损失。虽经几十年的控制，至今仍然在为害。水稻干尖线虫是 1941 年在天津小站发现的，也是随日本侵略者传入的，经过 20 世纪 50 年代和 60 年代的大力防治已基本控制为害。但 20 世纪 80 年代以来，由于种子部门的疏忽，在辽宁省的沈阳、盘锦、辽阳和营口等地大面积发生，而且为害情况超过辽宁省历史上任何时期。松材线虫在日本、美国和法国发生，在日本，这种线虫对松树造成毁灭性的为害，已花费大量的人力和财力进行防治，但收效甚微，失去防治信心。1982 年，南京农业大学程瑚瑞首先在南京中山陵的松树上发现松材线虫，引起中国有关部门的高度重视。经普查，到 1995 年底已在江苏、安徽、浙江、广东和山东 5 省发现。在安徽省，松材线虫离黄山风景区已不远。广东省已采取措施控制，但为害范围在扩大，松材线虫可能是随进口的松材质地的包装箱传入我国，造成严重为害。香蕉穿孔线虫是国外香蕉产区的重要线虫，1988 年在中国福建省漳州地区发现，由于发现及时，采取强有力的措施，经过几年的控制，现已基本扑灭，目前正在严密观察。这是中国植物检疫工作的伟大成就。

第二节　植物线虫检疫名单

《中华人民共和国进境植物检疫性有害生物名录》中涉及危险性植物线虫 20 种。

（1）剪股颖粒线虫 *Anguina agrostis*（Steinbuch）Filipjev。

（2）草莓滑刃线虫 *Aphelenchoides fragariae*（Ritzema Bos）Christie。

（3）菊花滑刃线虫 *Aphelenchoides ritzemabosi*（Schwartz）Steiner et Buhrer。

（4）椰子红环腐线虫 *Bursaphelenchus cocophilus*（Cobb）Baujard。

（5）松材线虫 *Bursaphelenchus rylophilus*（Steiner et Buhrer）Nickle。

（6）水稻茎线虫 *Ditylenchus angustus*（Butler）Filipjev。

（7）腐烂茎线虫 *Ditylenchus destructor* Thorne。

（8）鳞球茎线虫 *Ditylenchus dipsaci*（Kuhn）Filipjev。

（9）马铃薯白线虫 *Globodera pallida*（Stone）Behrens。

（10）马铃薯金线虫 *Globodera rostochiensis*（Wollenweber）Behrens。

（11）甜菜胞囊线虫 *Heterodera schachtni* Schmidt。

（12）长针线虫属（传毒种类）*Longidorus*（Filipjev）Micoletzky（The species transmit viruses）。

（13）根结线虫属（非中国种）*Meloidogyne* Goeldi（non-Chinese species）。

（14）异常珍珠线虫 *Nacobbmus aberrcens*（Thorne）Thorne et Allen。

（15）最大拟长针线虫 *Paralongidorus maximus* （Batschli）Siddiqi。

（16）拟毛刺线虫属（传毒种类）*Paratrichodorus* Siddiqi（The species transmit viruses）。

（17）短体线虫（非中国种）*Prarylenchus* Filipjev（non-Chinese species）。

（18）香蕉穿孔线虫 *Radopholus similis* （Cobb）Thorne。

（19）毛刺线虫属（传毒种类）*Trichodorus* Cobb（The species transmit viruses）。

（20）剑线虫属（传毒种类）*Xiphinema* Cobb（The species transmit viruses）。

除以上危险性线虫种类名单以外，农业部（现农业农村部）和国家林业局发布公告，明确松材线虫（*Bursaphelenchus xylophilus*）为全国林业植物检疫性有害生物；水稻茎线虫（*Ditylenchus angustus*）和香蕉穿孔线虫（*Radopholus similis*）为全国植物检疫性有害生物。

第三节　根结线虫检疫

根结线虫虽然在全国不同生态区均有发生，但仍属点片发生。但是，在设施农业种植区为害严重，新建棚室一般不发生，连续种植超过 3 年的温室大棚为害逐年上升。线虫自身移动或自然因素传播的距离很有限，通常是通过人为因素远距离传播。在人为因素中主要是种苗和带土材料，贸易流通的日益频繁，加剧了根结线虫的远距离传播。如山西蔬菜根结线虫的优势种南方根结线虫在 2000 年相继在山西运城、临汾、晋城发生，经过调查发现，上述地区均使用过同一家企业生产的有机肥，进而对该有机肥检测发现含有根结线虫。近年来，工厂化育苗数量越来越多，规模越来越大，有一些育苗企业在育苗过程中，对育苗营养土和育苗场所没有经过严格处理，育出的种苗本身带有根结线虫，销往异地造成了根结线虫快速传播，加速了蔬菜根结线虫的分布区域扩张。因此在调运种苗和购买使用有机肥，尤其是从有根结线虫分布区域调运种苗和购买有机肥时，应进行严格检疫检验，以杜绝蔬菜根结线虫随种苗和粪肥传入无虫区或无虫棚室。

一、种苗检疫

检测方法因选取材料不同而不同。检验种苗是否带虫的方法很简单，由于根结线虫侵染短则4~5d，长则20d左右即形成明显的根瘤，移栽时的成品苗若被根结线虫侵染，均能表现明显的症状，很容易辨认。具体方法：取待检测的种苗，用水冲洗干净根系上的泥土，直接用肉眼观察根系上是否有根瘤即可。

二、有机肥调运检疫

检验有机肥是否带虫主要采用贝尔曼漏斗法、离心浮选法、浅盘法，其次采用鉴别寄主检验。

1. 贝尔曼漏斗法

在口径为20cm的塑料漏斗末端接一段橡皮管，在橡皮管另一端用弹簧夹夹紧，在漏斗内放一层铁丝网，其上放两层纱网，并在其上放一层线虫滤纸，把100g待检测的肥粪均匀铺在滤纸上，加水至浸没有机肥，置于21℃室温条件下分离，分别在经过24h、36h、48h后松开弹簧夹，放出橡皮管内的水于小烧杯内，用300目、400目、500目网筛套在一起，将小烧杯内的水倒入筛网，并用水冲洗，然后将3个网内的过滤物放入有平行横纹的塑料培养皿中，在立体解剖镜下观察有无根结线虫。

2. 离心浮选法

将30g供试有机肥放入离心管内，加约100ml蒸馏水，小心充分搅匀，置于离心机内2 000r/min离心5min，弃去上清液，加入配制好的 800g/L 蔗糖溶液搅匀，再次以 2 000r/min 离心 5min，将上清液注入预先装水的烧杯里，然后同贝尔曼漏斗法一样，用 3 个套在一起的筛网过滤，冲洗、收集，显微镜下观察。

3. 浅盘法

将 10 目的不锈钢筛盘放入配套的浅盘中，在筛盘上放两层纱网，再放一层线虫滤纸，然后把供试的 100g 有机肥均匀铺在滤纸上，加水至浸没供试有机肥，分别在经过 24h、36h、48h 后，收集盘中水，然后同贝尔曼漏斗法一样，用 3 个套在一起的筛网过滤，冲洗、收集，光学显微镜下观察。

4. 鉴别寄主检验

根据寄主植物遭受根结线虫侵染后表现症状时间短、症状明显、易于识别的特点，可用其作为检验有机肥是否含有根结线虫的方法之一。具体方法：将供试的有机肥与无根结线虫的土壤按照 1∶10 比例混合均匀，配制成营养土，装入营养钵，灌足水，每钵点播黄瓜种子 2~3 粒，其上再盖营养土，然后将营养钵放在适宜寄主植物生长的环境，在营养钵上覆盖地膜，待植株出苗及时撤掉地膜。生产上常采用感病黄瓜品种作为指示植物，在平均气温 24.7℃、31.7℃、36℃ 或在 10cm 深度的平均地温（营养土温度）21.3℃、27.6℃、32℃ 条件下，黄瓜根系产生明显根结症状最短时间分别为黄瓜出苗后 26d、10d、3d。因此，根据试验时温度，确定调查的时间，为了保证检验结果的准确性，应在症状表现最短时间向后顺延 5~10d。

上述几种检疫检验方法各有优缺点，前 3 种方法优点是不受检验环境的限制，样品随到随检验，检验的精确度相对较高，但要求要有一定的设备条件，且操作人员要具有一定的根结线虫方面的知识和操作试验的技能，需要专业人员操作使用。最后一种方法操作简便，不需要仪器设备，对操作人员水平要求也比较低，只要能识别根结线虫为害症状即可，但检验受环境制约，精确度相对较低，适宜大面积生产中使用。

三、根结线虫检疫处理技术

中国科学院动物研究所等单位对带有根结线虫的蔬菜种苗检疫处理技术试验结果表明，所有对根结线虫有防治效果的药剂，在保证蔬菜种苗成活率不受影响的情况下没有一种药剂能完全杀灭蔬菜种苗根部的根结线虫；高温处理在保证蔬菜种苗成活率的情况下也不能有效杀灭根部的根结线虫。说明只要检出感染根结线虫的蔬菜种苗，只能就地销毁，不能移栽大田，造成人为传播。

四、有机肥根结线虫检疫处理技术

对含有根结线虫的有机肥，可通过高温或低温处理灭杀其中的根结线虫，该方法既简单又经济有效。高温处理，在每年6—7月将含有根结线虫的有机肥平摊在太阳光能直射的水泥地板上或农膜上，厚度不超过30cm，其上用塑料薄膜密闭，使内部温度达到50℃以上，处理6~7d，然后上下翻倒，再密闭塑料薄膜，处理6~7d。低温处理，在每年12月至翌年1月将含有根结线虫的有机肥平摊在避光的水泥地板上或平整的地面上，厚度不超过20cm，处理20d以上，该技术适宜于冬季最低气温在-15℃，累计20d以上的地区。

第五章　根结线虫病害的生物防治

　　生物防治简单讲就是在人为的干预下利用天敌降低有害生物群体数量的过程。人们有意无意地利用生物防治已经有几千年的历史，1 000多年前我国农民就将捕食性蚂蚁引入柑橘园防治害虫，1863年印度利用胭脂虫防治霸王树仙人掌，1888年引种澳洲瓢虫防治吹绵蚧成为生物防治的经典例子。但是，生物防治术语和概念是在20世纪初才提出来。对于害虫生物防治，1919年Smith提出利用天敌防治害虫，1914年德国学者Von Tubeuf发表了《植物真菌病害生物防治》的文章，第一次在植物病理学中使用了生物防治的术语。也有研究者认为绿肥对马铃薯疮痂病的防治是由于有机物增加了腐生细菌的繁殖的结果，在接种马铃薯疮痂病菌的无菌土中接种含有腐生 *Streptomyce spraecox* 的土壤获得防治效果。而对于植物寄生线虫的生物防治，有学者提出用寄生或捕食性线虫作为生防制剂并建议将捕食性线虫引入甜菜地中防治甜菜胞囊线虫。在美国犹他州将捕食性线虫 *Iotonchus amphiogonicus* 引入甜菜地中成功地降低了甜菜胞囊线虫的数量。研究者试图利用捕食线虫真菌防治植物寄生线虫，在一开始的试验中他们培养了5种捕食线虫真菌并接种到蒸汽灭菌土中防治菠萝根结线虫，只有 *Monacrosporium ellipsosporum* 有效，其后他们发现绿肥可以有效减少根结线虫的为害。其开创新的研究激发了后来人们对捕食线虫真菌的大量调查和生态学研究。一直到20世纪70年代，人们开始研究利用捕食线虫防治植物寄生线虫，并且利用 *Arthrobotrys robusta* 和 *A. irregularis* 首先研制成功防治蘑菇栽培中的有害线虫和蔬菜根结线虫的商品制剂 Royal-300 和 Royal-350。在这一时期，另一类重要的线虫寄生细菌巴斯德芽菌被发现并进行了广泛的研究，在日本开始商品化生产、在美国纯培养成功。从 20 世纪 80 年代开始，人们开始大量调查定殖于固着性线虫卵、雌虫、胞囊上的真菌，国际马铃薯中心组织了 40 多个国家和地区对淡紫拟青霉进行了防治根结线虫试验并取得一定的结果。淡紫拟青霉和厚垣孢普可尼亚菌作为卵寄生真菌的代表对其进行了广泛深入的研究。淡紫拟青霉被研制成商品制剂应用于根结线虫的生物防治。20 世纪 90 年代开始，关于根际细菌防治植物寄生线虫的研究大量增加。寄生于植物寄生线虫幼虫上的被毛孢受到了极大的关注并表现出极大的生物防治潜力。捕食性线虫及原生动物也是重要的线虫天敌。利用捕食线虫真菌防治动物寄生线虫也取得了重要进展。除了传统意义（即通过捕食、寄生、拮抗等作用方式）的生防作用物外，植物及微生物的代谢产物、线虫激素类似物如阿维菌素在线虫治理中起到重要的作用。其他一些作用机制较为复杂的作用物如菌根菌、土壤有机添加物等也是近年来研究的热点。一种作用机制独特的线虫生防制剂 DiTera™在美国登记注册。该制剂是利用线虫寄生菌 *Myrothecium verrucaria* 发酵 72~96h，然后通过喷雾干燥后制成制剂，菌体在制剂过程中被杀死，可能的作用机制是一些低分子量水溶性化合物协同作用的结果，这一产品为研发新型的生物农药开辟了新的思路。

第一节　生物防治的概念

生物防治的概念广泛应用于农业有害生物的治理中，不同的学科以及同一学科的不同学者对生物防治的理解和定义不同。对于昆虫学工作者，生物防治更多地强调寄主密度依赖作用，最早昆虫学家史密斯定义生物防治为"通过捕食者、寄生物及病害的引种、传播、散布达到控制其寄主害虫的过程"。其后，研究者提出了更广泛意义的定义，"寄生物、捕食者及病原物的活动导致另一个生物的密度在一个更低的水平"，并进一步提出，通过强调自然存在的现象的自然生物防治和强调田间应用的应用生物防治。随着人们对自然生态平衡的深入认识，应用生物防治被进一步分为 3 种类型，即引种、增殖和保护。在植物病理学中，定义生物防治为"通过其他获得生物制剂降低病原物的存活和活性，从而达到降低病情指数的目的"。也有研究者将生物防治定义为"通过自然过程或环境、寄主、拮抗物的调控或人为大量引入一种或多种生物达到降低病原物或寄生物休眠或活动状态的接种体密度或致病能力"。除了害虫生物防治中的寄生物、捕食性天敌和病原物外，植物病害的生物防治还包括寄主植物抗病性、竞争物或相克物，植物病害的生物防治主要针对土传病原物开展的。植物寄生线虫作为植物病原物之一，其生物防治属于植物病害生物防治的范畴，但植物寄生线虫是属于动物类，与其他的微生物病原不同，研究者将植物寄生线虫生物防治定义为"除抗线虫植物以外，利用自然存在的或通过环境调节或引入拮抗生物降低线虫的群体"。综上所述可以看出，经典的生物防治无论是针对害虫、杂草、病害或线虫都是利用活体生物直接或间接地达到降低有害生物的群体数量和为害的，但是人们对环境污染的关注以及生产上需要实用的无公害技术和产品，因此生物防治广义的概念被提出来。1988 年美国国家科学院定义生物防治为"利用自然或改良的生物、基因或基因产物减少有害生物的影响和促进有益生物"，如作物、树木、动物、益虫和有益微生物。这一定义尽管有很大的争议，但是还是被一些学者接受。在我国对于生物防治的范畴同样存在着经典和广义的概念，尤其是从事农用抗生素的工作者，他们把防治病虫草害的农用抗生素作为生物防治的内容之一。生物防治的定义还没有一个统一的标准，但是与之相关的生物农药有比较一致的认识，生物农药是指微生物本身以及原于微生物、植物及其他生物体的产物，其内涵是通过生物的作用方式杀死有害生物。美国环保局 EPA 将生物农药分为三类：活体微生物组成的微生物农药、转基因植物农药、通过非毒性作用机制天然存在的生物化学农药。我国农业部（现农业农村部）及FAO 都将微生物农药限定为利用活体微生物，尽管我国有些学者对微生物农药的定义是利用微生物及其基因产生或表达的各种生物活性成分，但笔者强烈建议使用国际标准或国家相关部门制定的标准术语，这样更有利于交流。

植物寄生线虫的生物防治常分为 3 种类型，即引入防治、大量应用防治和自然控制。引入防治是一种传统的生物防治，是将有效的生物引入到一个新的区域，并且能在新的区域定殖而比较长时间起作用；大量应用防治是将生防作用物像化学农药一样大量应用后很快消失掉；自然控制是利用固有的生防作用物防治线虫。关于生物防治的定义及线虫生防的类型无疑是对植物寄生线虫生物防治很好的总结，但是，在自然界生物之间是存在着动态平衡，有不少例子说明病虫害的大发生与生态平衡破坏有关。生态平衡的良性发展可以自然地抑制植物病虫害的发生。因此在理论上植物寄生线虫的生物防治应该是直接或间接地利用生物及其代谢产物，通过调节线虫及环境来控制线虫的数量和促进植物健康。这一定义可以体现在两个主要方面，即直接或间接作用于线虫的生物防治因子及线虫的调控技术，这也是本书的重点和特色。

第二节　线虫生物防治研究现状

一、线虫生物防治资源和生态学研究

线虫的天敌包括了寄生或捕食性的食线虫菌物、寄生细菌、捕食性线虫及无脊椎动物及少量的病毒立克次氏体，竞争和拮抗的根际细菌、菌根菌，产生线虫毒素的微生物、植物等。这些线虫的生防资源已经被广泛调查。对我国一些主要种植区大棚及露地蔬菜、烟草等作物根结线虫卵、雌虫寄生真菌、放线菌进行了调查，共分离了 500 株，其中以淡紫拟青霉分离频率最高，约占 45%，其次为放线菌 10%、镰孢菌 7%、厚垣孢轮枝菌 6%、青霉 6%，值得提出的是在调查中发现大量的放线菌，这是在过去人们还没有注意到的，在进行食线虫真菌的分离时也发现不少寄生幼虫的放线菌。还有多少线虫生防资源没有被发现是值得深思的，胞囊作为胞囊线虫生活史中的一个阶段，形成了一个独特的环境，有学者提出胞囊际的概念并且进行了大豆胞囊线虫胞囊际微生物区系的调查，获得了一些细菌，经测定这些细菌对胞囊中卵的孵化有一定的影响，属于一类特定的生防资源。应用激光共聚焦显微和原位杂交技术研究了 8 个样点的大豆胞囊线虫胞囊内外微生物区系，发现平均每个胞囊有多达 2.6×10^5 个细菌以及一些真菌，并证明这些细菌绝大多数都是活的，这些微生物对胞囊的生态以及在生物防治中起重要的作用。新技术的应用将会发现更多的线虫的生物防治资源，甚至包括一些不能培养的类群。

在以接种方式向新环境中引入害虫天敌的试验中，80% 以上的尝试都是失败的。可见，外源引入的生防菌在植物根际的定殖是生物防治取得成功的关键，但由于难以对外源引入土壤的生防菌进行跟踪定位及定量分析，对这些真菌在根际的生态特征缺乏了解严重阻碍了相关的研究。因此，对根际中生防菌—线虫—植物三者间的相互关系也是亟待研究的问题。分子标记的应用为在复杂生境中检测目的真菌提供了有力的工具。近年来新发展起来的绿色荧光蛋白基因和实时荧光定量 PCR 使研究生防菌在根际的定性和定量成为可能，已报道用 GFP 成功地对约 20 个属的丝状真菌进行标记。Real-time qPCR 方法已用于植物病原真菌，如印度腥黑粉菌、豆薯层锈菌、马铃薯晚疫霉和柑橘生疫霉等。被毛孢和松材线虫的实时荧光定量 PCR 技术在生防菌方面尤其是线虫生防菌方面还没有相关的研究报道。

二、优良生防菌株的筛选和改良

由于缺乏理想的优良菌株筛选模型，在线虫生物防治中很少有对线虫生防资源系统筛选的研究，很多进行田间试验甚至登记产品的菌株都是随机或从很小的范围内选出的。对寄生大豆胞囊线虫二龄幼虫的被毛孢进行系统筛选，分别用琼脂平板、试管土和温室花盆 3 种方法对 118 个、44 个和 19 个菌株进行筛选，获得一株优良菌株。对分离自根结线虫卵、雌虫的 182 菌株进行室内致病性测定，用 0.05% 的 Tween-80 洗下培养 10d 的菌种的孢子，在 24 孔组织培养板中同时接种菌株孢子悬液及新鲜的根结线虫卵悬液，25℃培养，4d 后倒置显微镜下测定不同菌株对线虫卵的寄生率，7d 时检测卵的孵化率及其死亡率。结果表明，供试菌株中对根结线虫卵寄生率大于 90% 的占 30.1%，寄生率为 70%~90% 的菌株有 20.2%。28% 的菌株处理中卵孵化率降低 80% 以上，而孵化率在 20%~40% 的菌株为 45.6%。如何筛选和评价生防优良菌株是目前急需解决的关键问题之一。

在研究和应用的线虫生防菌株都是天然菌株，这些菌株具备一些优良性状，但总是存在着某一或几个方面的缺陷，利用生物技术构建性状优良的工程菌株一直是生物防治工作者积极努力的方向，近年来已经证明丝氨酸蛋白酶是食线虫侵染线虫的一个致病相关蛋白，已经从捕食线虫真菌 *Arthrobotrys oligospora*、卵寄生真菌淡紫拟青霉、厚垣孢普可尼亚菌等分离和进行了基因克隆。最近，从线虫内寄生真菌优良菌株洛斯里被毛孢 OWVT-1 中分离纯化了一个分子量为 30kDa 的丝氨酸蛋白酶，并且深入研究，对其基因进行克隆和工程菌株的构建。

三、根结线虫生防真菌资源研究

根结线虫是导致全球农业巨大损失的重要病原生物之一，目前已成为限制我国设施蔬菜种植业发展的障碍，严重为害经济作物的产量和果实品质。目前，化学防治手段是控制病原根结线虫重要措施，虽然防治效果显著，但是这些化学杀线虫农药毒性大，对人畜、天敌动物不安全，选择性差，残留较高，破坏生态环境，长期使用将导致更多的人类健康和生存、食品安全和加工、环境污染和保护等问题。根结线虫的生物防治越来越受到植物保护工作者的认可，生防菌资源的筛选和应用是控制根结线虫为害的关键。

根结线虫生物防治资源丰富，包括真菌、捕食性线虫、细菌、放线菌、病毒、螨类、昆虫、植物等，都具有减低病原根结线虫种群密度的作用。据报道，以真菌材料作为生防因子约占全部生防资源的76%，捕食性线虫7%，细菌5%，放线菌5%，其他材料7%。这些数据表明，真菌性生防资源是病原根结线虫生物防治研究的方向和材料。自然界中，大量的食线虫真菌生活在土壤或植物体内，并且控制、调节植物寄生线虫的种群数量，是生防真菌资源的重要来源。许多研究人员从根结线虫的卵、二龄幼虫及其成虫体上分离获得各种食线虫真菌，成为生物防治的新途径。目前，有700多种食线虫真菌被发现，通过系统分析这些真菌类群，分别属于不同的系统发育群系，广泛分布于子囊菌门、担子菌门、接合菌门、壶菌门及卵菌门等，有些卵菌从严格的分类学研究上不属于真菌，但是对线虫的毒杀作用和能力类似于真菌，常常作为真菌类别研究。食线虫真菌类别多样化表明食线虫真菌和植物寄生线虫通过相互的协同进化，构成自然界的稳定的生物链关系。

1. 国外食线虫真菌研究现状

从1839年开始，植物病理学家开始发现、认识食线虫真菌，研究者通过试验确认食线虫真菌对线虫的控制效果，报道发现两种具有杀线虫活性的真菌——多孢节丛孢菌和少孢节丛孢菌。1917年，美国线虫学家 Cobb 深入研究这些真菌控制植物寄生线虫的能力和机理，提出食线虫真菌是寄生线虫生物防治因子之一，开创植物寄生线虫生物防治的先河。20世纪30年代，采用有机质改良土壤的方式，促进食线虫真菌活性，有效地降低线虫虫口密度。在

20 世纪 60 年代，农药的使用、土壤微生物、有机质、线虫和食线虫真菌间复杂的竞争生存关系变得不稳定，其作为生物防治因子的能力遭到许多人的质疑，后期研究证实食线虫真菌还是具有很强的生物防治潜力。20 世纪 80 年代，法国的研究者改良食线虫真菌生活环境，与堆肥混合使用，系统地研究食线虫真菌粗状节丛孢和匙状单顶孢，成功制成防治线虫的商品制剂 Royal-300，此农药对线虫的防治效果明显高于对照，减少 40% 的线虫数量，后期将真菌不规则节丛孢菌研制成第二种商品制剂农药 Royal-350 颗粒剂；研究者采集不同地区的椭圆单顶孢控制花生根结线虫的试验，调节生防菌的生活史可以改变对根结线虫的防治效果；筛选出高效食根结线虫的少孢节丛孢菌，并且在盆栽、大田试验中取得很好的控制效果。1979 年，首次公布淡紫拟青霉有效寄生于植物寄生线虫卵内，使其死亡。随后，利用淡紫拟青霉不仅可以控制冬豌豆南方根结线虫，而且促进冬豌豆的生长发育；研究使用淡紫拟青霉的发酵液控制番茄爪哇根结线虫卵和二龄幼虫，证实其菌发酵液对卵的毒杀效果显著高于二龄幼虫；研究者发现淡紫拟青霉菌株 251 同时具有抑制根结线虫病和增加番茄产量的双重功效；研究确定淡紫拟青霉是控制根结线虫为害使用最广泛的生防真菌之一。在菲律宾，淡紫拟青霉已经商品化，登记杀线虫制剂，命名为 Biocon。厚垣孢普可尼亚菌是根结线虫卵和雌虫的有效寄生菌，引起植物寄生线虫自然衰退效应的生防真菌之一。还有一些非致病性镰孢菌对根结线虫的卵、二龄幼虫具有显著的毒杀作用。近几年，淡紫拟青霉、厚垣孢普可尼亚菌和镰孢菌是研究较多的 3 种寄生性根结线虫生防真菌。据报道，真菌 Pleurotus 能杀死根结线虫，最后确定该菌是担子菌门侧耳属的粗皮侧耳，粗皮侧耳菌株对爪哇根结线虫有很强的致死作用，其野生型菌丝和子实体分别处理爪哇根结线虫的二龄幼虫，4d 后死亡率是 71.2%，10d 后的死亡率高达 98.5%。高等担子菌有很多食根结线虫真菌资源，但是不是每种菌株都有相同的作用方式和生活习性，相同的粗皮侧耳菌株对不同的植物寄生线虫会表现出不同寄生关系。大量食线虫真菌资源已报道，对根结线虫离体毒杀试验和盆栽防治试验都表现出很好的效果，但是准确的田间防治试验效果仍然不足，外源生防真菌是否适合本地根结线虫的生物防治实施，也需要进一步研究。

2. 国内食线虫真菌研究现状

我国食线虫真菌的研究较晚，1964 年，我国台湾植物病理学专家开始研究捕食线虫真菌并发表关于台湾地区捕食线虫真菌的科学论文。1977 年，论文《虫生串孢壶菌——线虫内寄生真菌》分析研究串胞壶菌侵染寄生粒线虫的试验过程，开始了我国植物寄生线虫生物防治的广泛研究。通过对南方根结线虫天敌真菌资源的研究，分离得到 9 种食线虫真菌。研究者分离、获得食线虫的淡紫拟青霉真菌，并深入研究该菌的生物学活性和特征，成功地应用于丝瓜根结线虫病的生物防治。从云南省烟草种植区的土壤和根结线虫病根中分离出具有捕食结构的食线虫真菌，分别属于轮枝霉属、单顶孢霉属和节丛孢属，丰富我国食线虫真菌资源。另有学者分离得到寄生在柑橘根结线虫雌虫上的生防真菌，以茄孢镰孢菌和尖孢镰孢菌为主要类群。也有研究发现尖孢镰孢菌和镰孢菌具有较高几丁质酶活性，可以快速寄生南方根结线虫卵，作为生防真菌推广应用。研究我国华北地区的根结线虫生物防治，分离得到多种食根结线虫真菌资源，主要有绿色黏帚霉、枝顶孢霉、木霉、淡紫拟青霉和镰孢菌等。研究厚垣孢普可尼亚菌对植物寄生线虫的生物防治潜力，明确厚垣孢普可尼亚菌在根结线虫生物防治中的重要作用。高等担子菌对根结线虫的生物防治研究在国内也很深入，用盆栽试验证实粗皮侧耳抑制爪哇根结线虫的生长发育，分别使成虫、二龄幼虫和卵的数量下降 80.3%、95.4% 和 76.9%，并且显著促进番茄果实产量提升 30%。分析粗皮侧耳对线虫群体动态的影响，确定其对花生根结线虫具有明显的防治效果。研究多种食线虫担子菌对不同线虫的致死作用，大球盖菇、毛头鬼伞和齐整小核菌对小杆目腐生线虫 48h 致死率为 100%。分析杀线虫担子菌对线虫的控制机理，明确毛头鬼伞菌对烟草根结线虫的生物防治作用。研究不同木腐菌菌株对松材线虫繁殖能力的影响。我国食线虫真菌资源丰富，但是其商品化登记的数量极少，目前国内真菌性杀线虫制剂只有两种：以淡紫拟青霉为材料，开发研制的淡紫拟青霉杀线虫制剂，商品名叫大豆保根菌剂，用于防治大豆胞囊线虫；以厚垣孢普轮枝菌为材料，通过发酵等工艺配制成真菌性杀线虫剂，商品名叫线虫必克，用于防治烟草根结线虫。

第三节　生物防治的机制

关于生物防治的范畴，不同学者的理解不同，生物防治广义的概念，即利用自然或改良的生物、基因或基因产物减少有害生物的影响和促进有益生物如作物、树木、动物、益虫和有益微生物，在此基础上阐述生防因子对植物病原线虫生物防治机制。在农业生态系统中，与植物病原线虫有关的环境主要是植物的根系和土壤中的各类微生物，如病毒、立克次氏体、细菌、真菌、放线菌、原生动物、水熊、螨类、跳虫以及不同种类的其他线虫。它们以不同的方式影响着植物病原线虫的种群数量，达到短期的相对平衡。在以上微生物与植物病原线虫的关系中，除对某些寄生或捕食性真菌，以及一种细菌（巴斯德芽菌）外，其他了解比较少。

一、捕食作用

一种生物捕捉另一种生物，并予以吞食或利用，这种生活方式称为捕食。当前已有报道的捕食线虫微生物主要有真菌、捕食性线虫和螨类、原生动物等。

1. 真菌

捕食线虫真菌是指以营养菌丝特化形成的捕食器官来捕捉线虫的一类真菌。有学者提出的假说认为，捕食线虫真菌在长期的生存适应进化中，进化出了防卫的捕食器官而捕食线虫。在营养丰富条件下它们营腐生生活，而当受到胁迫因子的影响时，就会启动捕食器官形态建成基因。胁迫因子包括线虫、极端环境因子、饥饿条件等，捕食线虫真菌经过长期进化而识别了这些胁迫因子，从而启动捕食器官形态建成基因，而达到捕食敌人并获得更好的生存营养的目的。

（1）识别。捕食线虫真菌首先要对线虫的存在进行识别，这一过程不同学者有不同的观点。研究发现，植物外源凝集素在食线虫真菌对其寄主的识别中有作用。以后大量的数据表明，线虫与真菌的识别可能是通过真菌捕食器官或孢子上的凝集素与线虫体上的糖及其残基的相互作用来实现的。据报道，一种酶（Pronase-E）能够减少 *Drechmeria coniospora* 与 *Caenorhabditis elegans* 的黏着率。后来的研究也证明 Pronase-E、SDS、DTAB 处理孢子，Pronase-E 可以完全抑制孢子对线虫的黏着，而 SDS、DTAB 的提取物中包含蛋白酶和磷酸酶的活性，所以真菌对线虫的黏着过程中也有蛋白的结合作用。鉴于真菌和线虫表面存在和分泌物质的复杂性，真菌识别线虫的分子机制尚需要更深入的研究。

（2）吸引。捕食线虫真菌与线虫的相互吸引包括真菌向线虫的趋化性主动运动和真菌对线虫的吸引。真菌的主动趋化性的例子有 *Catenaria anguillula* 的游动孢子向线虫口腔聚集和附着，以及卵寄生菌 *Rhopalomyces elegans* 与 *Dactylella doedyiodes* 的向线虫趋化生长。更多情况下，线虫受到吸引物质的吸引而向真菌运动。虽然至今尚无线虫趋化物质被分离提纯，但一些植物线虫对寄主植物根的趋化性可能与 CO_2 有关。研究认为，*Arthrobotrys musiformis* 对线虫 *Aphelenchus avenae* 的吸引与其捕食器官形成有关，并证明 *Monacrosporium doedycoides* 的捕食器具有相似的吸引作用；研究证明，包括 *Arthrobotrys oligospora* 等 4 种真菌的捕食器官吸引 *Panagrellus redivivus*，吸引线虫物质与杀线虫物质不同。

（3）黏着。紧接吸引的过程是黏着（捕捉），不同真菌的黏着（捕捉）过程不同。最简单的真菌捕食器官是黏性菌丝，它同一般菌丝的区别仅在于表面的具有很强黏性的黄色分泌物,这种分泌物一般认为是黏性多糖—蛋白质复合物。线虫一旦接触到菌丝体,就会被捕捉到。在光学显微镜下,接触点除了可以看到一层厚的黄色黏性物质外,也可以看到类似于附着孢的小锥状突起。比较简单的捕食器官是黏性分枝,它表面也有一层薄的黏性物质,但捕食能力稍差。

以黏性菌网为捕食器官的真菌最常见,它是由黏性分枝进化来的,产生黏性分枝的营养菌丝与这个分枝发生细胞融合,形成第一个环;再从该环或菌丝的其他部位产生分枝,分枝再次形成环;如此,从各个不同方向的分枝融合,最终形成复杂的三维网状结构,其表面也有黏性物质。最常见的捕食线虫真菌,寡孢节丛孢就是利用这种结构捕食线虫。运动中的线虫与菌网擦过不会被捕捉,但当线虫接触菌网时,只要稍作停留,就会被捕捉到。

还有一种黏性捕食器官是黏性球,它是一个直接产生于菌丝或短的、直立小柄上的黏性球细胞。有时在黏性球上可以连续形成第二个黏性球,如此重复形成短的穿生黏性球,每个球都有黏性。这些黏性球细胞在菌丝上密集分布,通常都会有几个同时黏到线虫体上,尽管线虫将黏性球细胞从菌丝或柄上挣断下来,它仍然牢固地黏在线虫上,并且可以正常地萌发、侵染。黏性球也是最常见的丝孢菌类捕食器官,在担子菌中也有发现。在同时产生黏性球和非收缩环的种类中,黏性球在捕食过程中仅起次要作用,或者完全无作用。而毒虫霉属真菌产生不脱离的、沙漏形黏性球,具有特别强的黏性,它能使线虫的表皮牢固地黏住而线虫完全不能移动,甚至在黏着部位,即使线虫因挣扎而使表皮与皮下组织撕裂也不会脱离。

冠囊体是从菌丝体上侧生或直接从孢子上产生的球形细胞,其基部环生一圈小刺结构,形状很像皇冠上镶嵌的一颗光亮球体。冠囊体表面覆盖一层纤维状的黏性物质,一旦黏住线虫体壁,在2h后又会分泌出更多的黏性物质,形成一小团垫状物而牢牢黏住线虫，同时冠囊体还可以产生一些短小的隆起，犬牙状嵌住线虫表皮。

非收缩环和收缩环不以黏性物质捕捉线虫。非收缩环是最不常见的捕食线虫真菌的捕食器官。它是由黏性分枝加粗并弯曲，与营养菌丝融合形成的多数为3个细胞的环。当线虫钻入环中时就被诱捕，这种捕食过程被认为是被动的，但有发现在一些种的环内侧也有一层黏质层。当环成熟时，与柄的接触处变的纤细，使环在线虫挣扎时容易脱落。脱落的环与黏性球一样，是一种进化特性，在套住部位产生侵入丝侵染线虫。收缩环与非收缩环的形成方式基本相同，但它们与菌丝体相连的柄较短。这是一种进化非常成熟的捕食器官，线虫钻入环时，触发3个环细胞迅速向内膨胀，紧紧将猎物困住。环闭合仅需0.1s，但线虫从开始接触环到诱发环细胞膨胀的时间可能需长达2~3s的时间，线虫可以在这个时间段内逃脱，所以即使有大量收缩环存在的情况下，它的捕食效率仍然比较低。

（4）侵入。侵入一般是在线虫体内产生吸收菌丝，随着吸收菌丝的发育，线虫组织不断被消解利用。当线虫体内物质完全被吸收后，菌丝体会突破线虫体壁而形成营养菌丝。冠囊体会在黏着部位产生膨大的附着孢，牢牢固定线虫。然后从附着孢上产生侵入丝，穿透线虫体壁，在线虫体内侵入丝形成球状体，球状体上产生吸收菌丝吸取线虫组织消解的营养，直至只剩一个空壳。

食线虫真菌在侵染过程中必须突破线虫的角质层和卵的外壳这一屏障。作为天然屏障抵御外界作用的角质层和外壳在线虫的生活中起了重要的功能，线虫的卵壳组成中至少40%是蛋白质，角质层富含胶原类蛋白质，主要成分为蛋白，其余为少量的糖和脂质。

食线虫真菌捕食器中的特殊细胞器电子密体囊可能分泌胞外黏性物质，或含有侵入线虫体壁所需的裂解酶，或含有消解线虫的胞外酶或三者均有。侵入时部分电子密体囊发生变化及在线虫体壁上形成裂解缝，研究证明电子密体囊具有过氧化氢酶和 D-氨基酸氧化酶。在捕食器官捕捉线虫 15min 后开始侵入，在侵入管形成的同时，电子密体囊迅速消解，直到侵入球形成，而在电子密体囊消解的同时其他细胞器如线粒体、液泡等形成，一般在捕捉 1~2h 以后侵入并充分发育，同化菌丝形成。因此，有研究认为电子密体囊在侵入过程中起关键作用，如在侵入过程中提供能量及提供形成新细胞的物质及裂解酶。也有研究认为 *Drechmeria coniospora* 是酶软化寄主几丁质壁后再侵入。

当前对食线虫菌物致病相关酶的研究仅在丝氨酸蛋白酶类上取得一些进展。捕食真菌 *Arthrobotrys oligospora* 在液体培养中产生许多蛋白水解酶，这些酶的活性可以被苯甲基磺酰氟等丝氨酸蛋白酶抑制剂抑制，部分被天冬氨酸和半胱氨酸蛋白酶抑制剂抑制。利用抑制剂处理 *Arthrobotrys oligospora* 的研究表明，抑制剂对捕食器官的形成无影响；天冬氨酸和半胱氨酸蛋白酶抑制剂对真菌侵染线虫这一过程无影响，而丝氨酸蛋白酶和金属蛋白酶抑制剂明显地影响了真菌对线虫侵染。试验中在线虫加入前去除未与酶结合的苯甲基磺酰氟（PMSF）将提高真菌对线虫的作用，仅用 PMSF 处理线虫对真菌侵染线虫无影响，说明在侵染线虫过程中，真菌产生的丝氨酸蛋白酶发挥了重要作用。稍后，人们从 *Arthrobotrys oligospora* 中分离到一种与侵染线虫相关的丝氨酸蛋白酶 P-II，大小为 32kDa，等电点为 4.6，最适 pH 值为 7.5，偏碱性。P-II 能够水解线虫体壁中的蛋白，特异性地降解 Bz-Phe-Val-Arg-NA 和 Suc-Gly-Gly-Phe-NA 等氨基酸和蛋白结构。

对食线虫菌物产生的降解线虫体壁及卵鞘的蛋白酶纯化和分析，发现均为丝氨酸蛋白酶类，具有很高的同源性。此类酶的共同特征是酶抑制剂抑制侵染，侵染过程中的蛋白酶定位，酶对线虫的游动及卵的孵化和发育有影响，线虫角质层及卵鞘刺激酶的产生。从食线虫菌物中提取的丝氨酸蛋白酶类分子量 32~33kDa，能被苯甲基磺酰氟抑制，有相同的酶活酸碱度（pH 值）范围。最近有文献研究得出，发现 *Drechmeria coniospora* 的孢子表面的蛋白质酶与侵染线虫有关。

（5）消解。食线虫真菌侵入线虫体内后，产生同化菌丝消解线虫体内物质，这一过程的确切机制尚不清楚。但 Veenhuis 超微结构研究表明，同化菌丝形成时伴有高度层出的内质网，随着同化菌丝的发展，脂肪粒大量形成，随后脂肪粒消解，营养菌丝发育，据此他认为线虫的部分营养首先被真菌同化为脂肪，然后再通过炔氧化途径代谢来支持真菌新的营养菌丝的生长。

2. 捕食性线虫

捕食性线虫以较大的口器取食植物病原线虫或者以口针吸取其内含物，尽管对它们在植物寄生线虫生物防治中的作用还缺乏了解，土壤中存在着大量的捕食性线虫。直接取食植物病原线虫的捕食性线虫具有比较大的口腔、脊状牙，有时还有较小的垂直牙，如肉食目所有成员都是捕食性的，它们捕食原生动物、线虫、轮虫、节肢动物和寡毛纲动物。它们整个吞下猎物或将其表皮撕开，吸取内含物。

矛线目个体明显大于猎物，并有发育良好、内空的口针，可用于刺穿猎物的体表或注入分解酶，然后吸食经初步分解的内含物。该目线虫被认为是杂食性的，可以取食线虫、寡毛纲动物、原生动物、轮虫甚至线虫和其他无脊椎动物的卵；滑刃总科的长尾滑属是专性捕食性线虫。它们有典型的滑刃食道，通过注入毒素导致猎物快速麻痹，然后再进行取食。尽管它们个体较小，却能取食比它们个体大的线虫；膜皮目的种类多数口腔内具有齿，有些种用巨齿来捕食其他线虫。

人们很早就注意到肉食目的一些种类可能作为控制植物寄生线虫的天敌生物。然而，在研究捕食线虫的捕食特性时发现它们自身的种群数量也在逐渐减少，说明其捕食时没有特异性，同种个体之间也有互相捕食的现象。虽然在土壤中这些捕食性线虫对植物寄生线虫的自然控制发挥了一定的作用，但是它们对植物寄生线虫的生防潜力尚不确定，仍然有待进一步的研究。

3. 其他捕食性天敌生物

能够捕食线虫的生物还有水熊、扁虫、跳虫、螨类、原生动物及 Enchytraeides 等。这几类捕食性生物广泛存在于不同结构特性的农业土壤，它们在土壤中的捕食能力都比捕食性真菌强。然而土壤孔隙的大小是影响它们活动性的限制性因素。研究者观察到水熊捕食植物寄生线虫。栖居土壤的扁虫是以线虫和其他土壤生物为食的食肉类扁形虫，研究观察到南方根结线虫被扁形虫 *Adenoplea* sp. 捕食，尽管施用 *Adenoplea* sp. 可以减少根结指数，但没有足够的实际应用价值。跳虫和螨类可能是植物根周围和腐烂有机物内数量最多的节肢动物，不同学科的学者报道了它们捕食植物寄生线虫的现象。螨类还可以在天牛体表捕食松材线虫。尽管 Enchytraeides 被报道作为线虫的拮抗物是可能的，但它们实际对植物线虫捕食的作用尚不确定。同样，一些与变形虫相似的原生动物也被报道捕食植物寄生线虫，但不知道这些生物对线虫的控制作用及其经济重要性程度。总之，由于缺乏对以上几类捕食性生物知识的全面了解，如它们对线虫的防效如何，还有由于它们个体的较大对生产和商业化带来了困难，致使它们作为控制植物寄生线虫的天敌之一还缺乏科学依据。

二、寄生作用

某一物种的个体居住于另一种物种个体的体内或体表从中吸取营养而生活的现象称为寄生。目前报道的植物病原线虫寄生物有真菌、细菌、病毒和立克氏体。

1. 内寄生真菌

多数为专性寄生，有些仅仅是有限的腐生阶段，它们在土壤中基本不产生菌丝体，而在寄主线虫体内完成整个生活史。以侵入线虫的方式不同分为以下 4 类。

（1）以成囊孢子侵入。真菌的游动孢子通过感知线虫体表的各类孔口的分泌物形成的化学梯度来找到这些孔口，然后在孔口部位休止、失去鞭毛成囊，因而叫做成囊孢子。侵染是在这些孔口中直接萌发侵入或穿透线虫体壁侵入。侵染丝在线虫体内形成虫菌体，既而发育形成游动孢子囊，产生游动孢子。壶菌和卵菌就是以这种孢子作为侵染体。

已有报道证明，疫霉游动孢子的运动受到一些物质如氨基酸、糖类、脂肪酸、醛等，和环境因素如离子浓度、电子流、水流等的影响，可以预测线虫内寄生真菌游动孢子的运动可能要复杂得多。游动孢子成囊作用通常发生在主要体孔附近，侵染也在这些孔口。*Catenaria anguillulae*、*Lagenidium caudatum*、*Aphanomyces* sp.、*Leptolegnia* sp. 倾向于在 *Xiphinema americanum* 和 *X. rivesi* 的前部发生成囊作用，真菌直接穿透表皮侵染，通过气门、肛门、阴门的侵染很少。

（2）以黏性孢子侵入。一些线虫内寄生真菌如 *Verticillium*、*Drechmeria*、*Harposporium*、*Hirsutella*、*Nematoctonus* 等属真菌孢子顶部有黏性，使它们可以黏在线虫表皮上。但不同的菌之间有不同的特性。*Drechmeria coniospora* 在其泪滴形分生孢子的顶部有一个被放射状小纤维构成的黏质层的顶球；而 *Verticillium balanoides* 分生孢子的黏性物质分布在比较宽的杯状表面；洛斯里被毛孢分生孢子整个被覆无色黏性物质；*Macrobiotophthora vermicola* 的孢子不能黏附，由其产生的次生甚至三生孢子有黏性物质包被，它们作为侵染体。担子菌 *Nematoctonus* 属中的内寄生种类，产生雪茄形分生孢子，在脱离营养菌丝前不具黏附能力。当脱离营养菌丝后，孢子会长出一个小的延伸区域，然后在顶端产生黏性芽，从而可以黏附到线虫体壁，并侵染。有学者认为内寄生的 *Nematoctonus* 属是比较原始的捕食种类，它们直接在分生孢子而不是在菌丝上产生黏性球。

所有产生黏性孢子的线虫内寄生真菌都有比较小的分生孢子，它们的营养仅能维持到萌发并穿透寄主表皮。只能利用线虫作为食物来源的特性限制了它们的体外人工培养，许多种类尽管能在真菌培养基上生长，但速度慢。尽管这种生活方式接近专性寄生，但到目前还没有发现明显的寄主专化性现象。如从 *Criconemella xenoplax*、*Heterodera avenae* 和 *Meloidogyne javanica* 等线虫上都曾分离到洛斯里被毛孢。与此同时，*Drechmeria coniospora* 也有比较广泛的寄主范围，它的黏性分生孢子可以黏附并感染噬菌和植物病原线虫。黏性孢子也可以黏附非寄主线虫，孢子黏附的强度和感染能力没有相关性。

（3）吞咽分生孢子侵入。钩丝孢属的一个种被线虫吞食后，分生孢子可在其口腔或肠道中侵染。由于植物病原线虫很少能够吞食到这些分生孢子，这类群真菌不适合用作生防菌。但是它们能够杀死其他游离生长的线虫，而为其他植物病原线虫的天敌真菌提供食物来源。

（4）枪细胞侵入。舌形孢属游动孢子休止后萌发产生舌形孢子，舌形孢子发育成枪型细胞将三生孢子注射入线虫体内。枪细胞像一个微型加农炮，其桶形部位有一个特化的"发射体"，整个枪细胞通过黏垫贴附在基物表面并形成一定角度。一旦受到外界刺激，枪细胞就会向寄主注射三生孢子，达到侵染的目的。由于形态相对简单的舌形孢子同其他真菌产生菌丝萌发或附着复合体的作用是一致的，为何该菌产生枪细胞，而不像其他真菌那样侵染丝的原因至今仍不明确。

2. 机会真菌

机会真菌是可以寄生线虫的卵、胞囊或雌虫的一类真菌。对此类真菌的侵染机制已进行了超微结构观察和分子机制的研究。研究者对 12 种真菌对大豆胞囊线虫卵的侵染做了扫描电子显微镜和透射电子显微镜观察，其中 10 种能够侵染。菌丝贴在卵壳表面，消解形成小孔，然后真菌胞内物质浓缩，进入线虫胞囊内。一般单条菌丝就可完成侵染，侵染钉留在侵染点或者随菌丝进入胞囊。侵染钉的直径一般小于 $1\mu m$，较正常营养菌丝细。他们在研究中观察到胞囊内侵染菌丝有更丰富的细胞器，认为在侵染过程中，除了机械作用外，可能还有酶类的参与。对卵寄生真菌 *Verticillium suchlasporium* 的研究表明，该菌在卵表面侵染点处形成附着器，然后产生很细的侵染丝进入卵壳。研究者还从该菌中分离到一种分子量为 32kDa、最适 pH 值为 8.5 的丝氨酸蛋白酶，对胞囊线虫蛋白具有水解作用，表明该酶在侵染线虫卵过程中发挥了作用。应用免疫学分析发现该酶在侵染过程中可定位于被侵染线虫的卵上。厚垣孢轮枝菌中新分离到蛋白酶 VCP-1，具有水解 Suc-（Ala）$_2$-Pro-Phe-pNA 和弹性蛋白的能力，能被 PMSF 和 TPCK 完全抑制。VCP-1 水解寄主线虫南方根结线虫卵壳外层的蛋白，暴露出几丁质，为卵壳的进一步水解奠定基础。此外，研究发现 VCP-1 仅在线虫或昆虫的病原菌厚垣孢轮枝菌和蜡蚧轮枝菌中表达，而在该属内侵染植物的种类中未发现，VCP-1 和类似蛋白酶在侵染无脊椎动物过程中起重要作用。另有研究在该菌培养液中发现一种内切几丁质酶（CHI-43）对线虫 *Globodera pallida* 的卵壳有破坏作用，可能在真菌寄生卵中起作用。此外，有学者从淡紫拟青霉中分离到一种分子量 33.5kDa 的类枯草杆菌丝氨酸蛋白酶。生物学测定发现，经该酶作用后的线虫卵漂浮起来，其孵化也受到酶作用的影响，早期的卵受影响大，含幼虫的卵对酶的作用有抗性。此酶可能是卵寄生真菌侵染线虫卵过程的重要影响因子。

3. 细菌

能够寄生线虫的细菌种类不多，最常见的线虫内寄生细菌是穿刺巴斯德芽菌，也是能侵染植物根结线虫的研究较多的一种。该菌专性寄生于线虫的二龄幼虫，以球形的孢子黏附于线虫体表，受侵染的二龄幼虫侵入根系后，随线虫的发育，细菌不断在体内增殖，到线虫发育到成虫时，其体内充满细菌而导致雌成虫彻底被摧毁，释放出大量的细菌于土壤中。巴斯德芽菌产生的内孢子，在 100℃ 条件下 5min 仍有侵染性。由于孢子比较小，能被渗透水携带传播，施用在土壤表面的孢子可以透过土壤颗粒向下移动从而达到线虫活动区域，利于侵染线虫，生物防治。在生防应用方面，不但降低线虫的繁殖效率，而且可以降低带孢子幼虫的侵染能力。研究表明，当线虫携带 15 个孢子的时候，可以观察到明显的侵染效率降低。

4. 病毒

线虫能够传播植物病毒已经是广为人知的事实，但是否存在能够导致线虫病害的病毒仍没有定论。用蔡氏过滤法滤过含有行动缓慢的爪哇根结线虫幼虫的接种体，接种健康线虫后，产生同样的行动缓慢的症状。这应该是病毒在起作用，但是却没有观察到病毒粒子，随后的柯克氏验证结果也不理想。此外有一些线虫病毒的报道，也仅仅是电子显微镜下观察到在线虫组织内有类似病毒粒子的颗粒。从土壤中或根结上分离并检测大量线虫的困难性，是线虫病毒观察主要障碍。另外，线虫可能有对病毒的天然抗性，它的表皮能有效防止病毒粒子的侵入。

5. 立克次氏体

立克次氏体是存在于细胞内、类似于细菌一类的微生物。目前已在 *Heterodera goettingiana* Liebscher、*Globodera rostochiensis* Will 和 *H. glycines* Ichinohe 3 个种中报道了立克次氏体的存在。Walsh 报道这些微生物能够随着线虫从上一代遗传给下一代。尽管它们存在于胞囊线虫雄虫成虫的精细胞，但不能通过精细胞遗产给下一代，说明是通过雌虫进行传播的。一些立克次氏体对昆虫具有致病性，并通过昆虫体内特有而异皮线虫属没有的一种称为菌胞体的特化细胞结构进行增殖。研究证明，*Xiphinema index* 可能是这些微生物的传播载体。立克次氏体在线虫生物防治中的作用目前尚不明确。

三、拮抗作用

当两种生物处于同一生境时，彼此发生对抗而拮抗，使一方或两方同时受害的关系称为拮抗作用。许多放线菌、细菌和真菌可以产生抗生素，对线虫有毒杀作用。

1. 细菌

多数细菌对植物病原线虫的影响是通过产生次生代谢产物，如酶、毒素等来实现的，如丁酸梭菌 *Clostridium butyricum* 产生丁酸等脂肪酸。脱硫螺菌 *Desulfovibrio desulfuricans* 可以产生硫化氢。苏云金芽孢杆菌能形成一种耐热但非特异性的毒素，该毒素对南方根结线虫和真滑刃线虫具有毒性。硫化氢被认为是一种潜在的杀线虫剂，在稻田中有通过延长淹没时间及施加稻草或其他含硫物质来增加其浓度，来达到抑制稻田线虫种群数量目的的报道。在此基础上，发展起了通过在土壤中添加有机物的方法抑制植物病原线虫的为害。其机制在于，首先，有机添加物可以改善土壤中氮、磷、钾等元素的含量，改善土壤的透气、保水、排水能力，提高植株的耐病性；其次，有机物分解产生对线虫有毒的物质，如含氮物质降解过程中产生的挥发性的 NH_3 和 NO_2 等；然后，增加土壤中线虫天敌数量；最后，有机物分解时产生的热量也对线虫不利。值得一提的是，通过在土壤中添加有机物来抑制植物病原线虫需要较长时间才能显现效果，短期内效果不明显。

根际细菌对线虫的作用机理目前不是特别清楚。有学者认为除了上面提到的产生杀线虫物质外，根际细菌还可以改变根分泌物与线虫间的作用方式。从特定的根区分泌出来的根分泌物是影响线虫生活史中特定发育阶段的重要因素。根分泌物影响线虫卵孵化、线虫趋向于根的运动、线虫与寄主的识别及在根上的寄生，这些阶段被认为是线虫发育的薄弱环节而适用于生防。特定根围的根际细菌可消耗或改变根分泌物的分泌形式，从而影响根分泌物依赖型植物寄生线虫的发育。

2. 真菌

侧耳属和猴头菌属真菌分泌毒杀线虫的毒素，如糙皮侧耳产生的反癸烯二酸，珊瑚状猴头菌产生的脂肪酸混合物等，具有较高的杀线虫活性。有学者详细研究了糙皮侧耳对线虫的致病过程，探明糙皮侧耳对线虫的致病机制的实质是杀主寄生，菌丝分泌的毒素首先将线虫击倒并杀死，然后菌丝从线虫的体孔侵入，或者靠酶和机械力的作用从表皮侵入，最后消解、吸收和利用线虫。但是若菌丝分泌的毒素不能杀死线虫，即使菌丝与线虫充分接触也不能侵染活线虫。而平板培养产生的毒素，除去菌丝也能杀死线虫。目前发现的产毒菌株不仅是专性产毒的食线虫真菌，还可以是形成捕食器官的真菌如节丛孢属、线虫内寄生真菌（如 *Cylindrocarpon* 属真菌、植物病原细菌、虫生真菌及其他真菌）。目前已经发现有 90 多个杀线虫真菌毒素，结构类型多样，主要有醌类、生物碱类、萜类、肽类、吡喃类、脂肪酸类、萘类等。

菌根真菌在植物根表面及周围土壤中形成菌丝网，既可以增强根毛对水分、磷离子的吸收，增强植株活力，减少线虫为害造成的产量降低，还可以改变或减少根毛分泌物，使线虫卵孵化和线虫的趋化性减少，降低对线虫的诱集作用，阻止线虫在根际的聚集；或者是增加了根系周围游离酸的含量，而限制了线虫种群的扩大，而且，接种菌根菌的植株根毛细胞木质化程度增加，也可增强对线虫的抗性。

3. 放线菌

放线菌在土壤中的含量极高，据统计，每克土壤中含有数万个乃至数百万个放线菌孢子。人类利用放线菌来制备抗生素，如众所周知的链霉素、四环素、氯霉素、红霉素等。放线菌也可以用来制备抗线虫的抗生素，最好的例子就是阿维菌素，它属于大环内酯类抗生素，作用机理是可以刺激节肢动物和线虫的一种神经传导递质 γ-氨基丁酸的释放，从而使寄生虫麻痹。有这种神经传导递质系统的寄生虫，理论上都可以受到阿维菌素的麻痹作用，没有这个成分的寄生虫是无效的。所以阿维菌素的作用，主要就是对线虫和外寄生虫，对没有这种神经传导递质系统的吸虫和绦虫等是无效的，这也是阿维菌素存在的一个缺陷。现在对能产生阿维菌素类似物质的种类研究正在进行。放线菌抗线虫的研究还处于初级阶段，长期大量使用阿维菌素后，根结线虫对其产生抗性及对土壤生态体系的影响还有待于进一步研究；阿维菌素作为杀线虫剂在世界上尚未登记。研究者观察发现，在培养基上，多数线虫被放线菌吸引而不是被抑制。

4. 拮抗作物

近年来发现某些作物根部分泌有毒于线虫的物质而减少某些线虫种群数量，这些作物称为拮抗作物，如金盏花的两个品种，*Targetespatula* 与 *T. erecta*，以及天门冬。其中金盏花的丙酮粗提物对线虫有毒杀作用；天门冬中毒杀线虫的物质报道为天（门）冬氨酸；曾有报道万寿菊中含有噻吩类化合物，对线虫有较高的毒杀活性。可以采用间作这些拮抗作物的方法来减少作物的受害程度。

四、竞争作用

同种或异种的两个或更多个体间发生对于环境资源和空间争夺，从而产生的一种生存斗争现象称为竞争作用。竞争分为种间竞争和种内竞争两种情况。种间竞争是近缘种围绕着共同的资源而斗争，其结果是一方或双方种群的生长、生存、分布和增殖都受到不良影响。影响种间竞争胜败的关键是种的生态习性、生活型、生态幅度状况等。种内竞争是种群个体间为争夺资源与空间所产生的生存斗争现象。影响种内竞争胜败的关键是个体的生长状况、体积大小、年龄大小状况等。竞争是对抗性的，其结果可能为排斥、淘汰、抑制或共存，导致多样性，而不是灭绝。

在植物根系周围，与植物病原线虫竞争的主要是根围细菌和菌根真菌。研究者认为线虫与根的相互识别是根表面的外源凝聚素与线虫体表糖类之间的相互识别。各种菌的细胞壁双层脂膜上具有结合植物外源凝聚素的结构而优先占据线虫的侵染位点，并且在根部定居繁殖，消耗根围营养、占据空间位点而达到生物防治的目的。菌根真菌以竞争作用，占据病原所需的营养及生存空间，对线虫也有作用。

五、间接抑制

红颈啄木鸟能够捕食松褐天牛，通过减少传播载体，就可以防治松材线虫病。红颈啄木鸟对皮下天牛幼虫的捕食率可达 60%，对材内幼虫的捕食率在 10%~50%，而对枯枝中幼虫捕食率可达 60%~80%。在为害较轻的情况下，不失为比较好的方法。

某些线虫在二龄时侵入植物组织，然后继续生长发育。据此特性，在田间栽培容易感病的作物，在线虫幼虫侵入于其成熟或开始繁殖之前，将这些作物毁掉。用这种方法无疑可以在一定程度上减少线虫种群数量，但要求对线虫的生活史进行比较清楚的了解，如果作物在毁去之前线虫已繁殖，则会得到相反的效果。同时，先种植陷阱作物而后将其毁掉，与要保护作物生长期可能重合，故在理论上可行，在实际中不能普遍使用。一个比较成功的实例是种植猪屎豆属植物，它们能阻止某种根结线虫发育成熟，因此可以将其收获或者翻入土中作绿肥。

六、其他抑制机制

除以上天敌与线虫之间作用的各种机制，植物保护研究人员还对植物与线虫之间关系做了大量研究，发现了多个抗线虫基因，如糖用甜菜中的 $Hs-1$、马铃薯中的 $Gpa-2$ 等，在番茄中发现 8 个抗根结线虫基因，$Mi-1$~$Mi-8$。其中仅对 Mi 基因的抗线虫机制研究比较清楚。Mi 基因抗性特征表现为寄主植物中引起过敏性反应（HR），即在二龄侵染性幼虫头部周围植物细胞的局部坏死。与其他植物抗线虫基因相比，Mi 基因引起的过敏性反应抗性反应最快，一般在寄主遭受侵染后 8~12h 就可以观察到过敏反应。Mi 基因能有效地抵抗南方根结线虫、爪哇根结线虫和花生根结线虫，对北方根结线虫不具抗性。

控制植物病害，包括线虫病害，最经济和有效的方法就是利用抗病品种，但目前常规抗病育种存在的问题是单一抗性基因使得不受抗性影响的线虫数量上升成为新的为害；抗性源材料匮乏使常规育种满足不了生产的需求。植物生物技术的发展及其更多抗线虫基因的发现、克隆将会使抗线虫作物品种的出现成为可能。利用生物方法来防治各种病原，包括线虫在内，是未来植物病害防治的必然趋势。对于线虫病原物对线虫作用机制的研究的缺乏严重限制了当前生物防治的应用，例如，穿刺巴斯德芽菌是已知最具潜力的生物之一。但目前为止其仍为专性寄生菌，无法人工培养，限制了它的大量生产和商品化应用。该菌的生物学特性以及孢子萌发的机制等研究将有望解决此困难。作为生防菌的天敌生物只有适应自然环境，防治才能达到最佳效果，对天敌与线虫以及植物与线虫相互影响机制的研究，将使我们能够在应用中，尽可能模仿、接近自然，从而使线虫生物防治得到成功。

第四节　线虫生防真菌研究

一、线虫生防真菌的捕食作用

捕食线虫真菌具有形成专门诱捕结构的独特能力，通过这些陷阱性结构捕获线虫，分解线虫获取营养，客观上对植物寄生线虫起到控制作用。近几年，由于这些特殊的诱捕结构特征很容易被识别，人们对这种生防真菌产生极大的关注并且发现 100 多种类群。这些种群的食肉特性已经存在了 5 亿年的历史。根据目前的研究表明，捕食线虫真菌全部是腐生生活在土壤中，分类学地位都属于子囊菌纲的圆盘菌目。典型的种类：*Arthrobotrys oligospora*、*Arthrobotrys conoides*、*Arthrobotrys musiformis*、*Dactylellina haptotyla*、*Arthrobotrys superba* 和 *Drechslerella stenobrocha*。这些捕食性真菌产生特定陷阱性结构主要包括收缩环、黏合剂旋钮、黏合剂网络、黏合剂柱和非收缩环。根结线虫头部进入各种特化捕捉结构环中被卡住，菌丝通过机械作用和酶的溶解杀死线虫，吸收根结线虫体内营养物质，控制根结线虫种群数量。

二、线虫生防真菌的寄生作用

食线虫真菌通过其黏性分生孢子附着于根结线虫体表或卵壳，通过口腔、排泄孔、阴门、肛门或是直接侵入线虫体内，感染寄生根结线虫。分生孢子或黏性菌丝等迅速萌发形成大量同化菌丝穿透卵壳或线虫体，抑制根结线虫卵孵化或直接杀死根结线虫。在寄生线虫真菌中，圆锥掘氏梅里霉菌是研究最多的真菌，是寄生型食线虫菌的典型模式菌，同时也用于研究线虫免疫反应及与真菌相互作用的模式生物。圆锥掘氏梅里霉菌产生大量的黏着分生孢子感染线虫，单头线虫体上同时黏附高达 1 万个分生孢子，成熟的分生孢子形成黏附芽，大量附着在线虫表皮，黏附定殖后，感染囊泡在线虫体表形成营养菌丝，向周围辐射状生长。3d 内，真菌菌丝消融分解线虫，此时分生孢子形成新的分生孢子并从死亡的线虫体中伸出，分解线虫虫体。半知菌门的 *Harposporium* 属、*Drechmeria* 属、*Hirsutella* 属、*Myzocytium* 属的大部分食线虫真菌具有此种侵染方式，抑制线虫的生长发育。

卵寄生性真菌利用专用附着子，专门的穿透钉或菌丝体外侧分支感染线虫卵壳。根结线虫卵寄生真菌的代表性种是淡紫色拟青霉和厚垣孢普可尼亚菌，这些菌物都属于子囊真菌，与许多昆虫致病性真菌密切相关。淡紫拟青霉菌液可以寄生根结线虫的成虫和二龄幼虫，菌丝或分生孢子与线虫表面接触后，形成附着胞直接侵入线虫体内，形成稠密的次生菌丝缠绕在线虫体上。厚垣孢轮枝菌是南方根结线虫的兼性寄生菌，在缺乏寄主根结线虫的情况下，可以营腐生在根际周围或是适宜的土壤中，接触根结线虫后迅速侵入，开始消解虫体，吸收线虫体内营养物质。研究发现，厚垣孢轮枝菌菌丝可以穿透花生根结线虫卵体而抑制其孵化。利用淡紫拟青霉和厚壁垣孢轮枝菌混合防治南方根结线虫，土壤中二龄幼虫的数量显著减少，防治效果持续时间长。非致病镰孢菌菌株能寄生根结线虫，并发酵培养滤液抑制线虫卵的孵化。

食线虫担子菌一般也是以寄生方式控制线虫的为害，1941 年，Drechsler 创立毒虫霉属标志开始研究此类真菌。在 *Nematoctonus* 属一些食线虫真菌的无性阶段形成无性孢子，成熟的分生孢子在其横向远轴端端部产生黏性芽囊体，以此附着在线虫体上，侵染寄主，抑制其生长发育。在对我国甘肃、青海、新疆、陕西、河南五省（自治区）的食线虫真菌资源分离和鉴定研究中发现，食线虫担子菌资源丰富，大部分种类都是以寄生的方式作用于寄主线虫。在粗皮侧耳对线虫致病作用机理研究中发现，菌丝与线虫相互作用缠绕在一起，消解线虫、吸收和利用营养物质。

三、线虫生防真菌产生活性物质的毒杀作用

1. 产生胞外酶

根结线虫体壁和卵壳主要由蛋白质、几丁质和脂质组成，其表皮从外到内分为蛋白质层、几丁质层和脂质层。生防真菌毒杀线虫必须穿透体壁，丝氨酸蛋白酶、几丁质酶等胞外酶在菌丝穿透线虫体壁过程中起到至关重要的作用，其可以破坏根结线虫表皮和卵壳等生理功能的完整性，降解体壁，能促进真菌的渗透和定殖。近几年，在食线虫真菌厚垣孢普可尼亚菌、*Drechslerella stenobrocha* 和 *Arthrobotrys oligospora* 与根结线虫互作基因组学研究中，纤维素酶、胶原酶、木质素酶和糖苷水解酶被发现具有降解纤维素、半纤维素、木质纤维素、木聚糖和线虫体壁其他成分的功能，能促进生防真菌穿透体壁，侵染根结线虫。有试验研究淡紫拟青霉 M-14 产生丝氨酸蛋白酶促进菌丝侵入线虫卵，研究发现淡紫拟青霉产生的几丁质酶具有显著抑制南方根结线虫幼虫和卵活性。有研究发现，绮丽小克银汉霉菌产生胶原蛋白酶，显著抑制爪哇根结线虫的存活率和卵孵化率。寡孢节丛孢、厚垣孢普可尼亚菌、洛斯里被毛孢、红螺旋聚孢霉菌、毛头鬼伞菌等产生的蛋白酶具有侵染根结线虫的活

性，降解卵的作用。木霉、拟青霉、绿僵菌、白僵菌、轮枝菌等同时产生几丁质酶，直接影响根结线虫的卵和二龄幼虫，尤其是在菌丝穿透卵壳过程中的关键性作用。研究证明，哈茨木霉对爪哇根结线虫的致病性与其产生的几丁质酶的量成正相关。木质素酶和纤维素酶也具有抑制根结线虫生长的作用，研究食线虫真菌 *Dactylella oviparasitica* 和 *Milium effusum* 时发现其产生一定量的木质素酶和纤维素酶，与线虫活性有关。木质素酶影响植物根部分泌物的成分和含量，扰乱根结线虫的定位和趋向，激发植株系统抗性的增加。另有学者通过试验明确木质素酶诱导番茄植株抵御南方根结线虫的侵染。

2. 产生毒素、小分子化合物等代谢物质

食线虫真菌在侵染消解根结线虫过程中，还会产生对线虫有害的毒素或是其他小分子代谢产物，有些生防菌借助这些代谢产物的毒杀作用后兼性寄生根结线虫，有些真菌直接通过有毒物质杀死根结线虫。目前已经发现有 270 多种生防真菌能产生具有毒杀线虫作用的活性物质，分布于担子菌 75 个属、半知菌 36 个属、子囊菌 32 个属和结合菌 1 个属，并且从这些食线虫真菌的代谢产物中分离得到杀线虫毒性物质 230 多种，包括肽类、萜类、醌类、甾醇类、哌嗪类、生物碱类、醇胺类、简单芳香类、木脂素类、大环内酯类、杂环类、脂肪酸类、神经酰胺类等。1963 年，线虫学者开始研究食线虫真菌少孢节丛孢在侵染线虫时产生具有麻痹作用的代谢物质。随后研究证明食线虫真菌代谢物质中的亚油酸对秀丽隐杆线虫具有毒杀作用。证实代谢物质 Oligosporon 和 4,5-dihydrooligooporon 对线虫 *Haemonchus contortus* 有毒杀活性。近几年，许多结构多样、骨架新颖的杀线虫活性物质相继报道，如环己醇类、醇胺类、金轮霉素类和大环内酯类等，在水生真菌的代谢产物中也有杀线虫活性物质十三元大环内酯被发现。在淡紫拟青霉代谢产物研究中，分离发现乙酸和白灰制菌素是重要的杀线虫代谢物质，直接抑制其成虫、二龄幼虫和卵的生长。木霉产生绿色

菌毒素、胶霉毒素、Trichodermin、15-deacetylcalonectrin 等倍半萜类化合物和抗生素，能抑制南方根结线虫的生长发育；厚垣孢普可尼亚菌发酵培养后，分离出一种红色素具有毒杀根结线虫活性，尖镰孢菌、柱胞菌、丝核菌等实验室液体发酵后，过滤培养液对根结线虫具有一定的生物毒性。含氮的代谢物质在降解过程中可能产生挥发性的 NH_3 或 NO_2，降低根结线虫的存活率。多种高等担子菌对线虫的防治研究表明，杀线虫物质是对根结线虫致死的主要因素，奥尔类脐菇代谢产生对根结线虫具有高毒杀活性作用的环十二缩肽类物质。糙皮侧耳属的 *Pleurotus ostreatus*，*Pleurotus pulmonarius* 等 20 余种食线虫担子菌对线虫有生物活性，作用机制是分泌多种杀线虫物质，毒杀根结线虫，关键性毒素确定为癸烯二酸。食线虫担子菌毛头鬼伞对线虫还具有物理性辅助致死作用，其菌丝产生棘状小菌球刺破线虫体壁，导致线虫体表创伤，抵抗力和运动能力丧失，随后菌丝组织分泌产生一种含氧杂环类代谢化合物毒杀根结线虫。

代谢产物的分析是定性和相对定量研究微生物体系中的代谢产物，反映代谢物信息和过程的分析方法。利用 R 型 SBCMCIGEL 反相色谱和气相色谱—质谱联用仪（GC-MS）确定疣孢漆斑菌菌株 X-16 毒杀根结线虫的活性物质是六氢吡咯并 [1,2-α] 吡嗪-1,4-二酮-3-二异丁酯和乙酸丁酯。针对食线虫真菌样本中小分子代谢产物的种类多、浓度动态范围大和极性跨度大的特点，色谱—质谱（LC-MS）技术成为代谢产物分析重要的研究工具。目前，超高效液相色谱技术联合四极杆—飞行时间质谱技术被应用于生防真菌代谢产物的分析研究。LC-MS 是一种代谢产物串联分析平台，以高效液相色谱作为分离技术系统，高分辨率质谱作为检测技术系统；超高效液相色谱分析仪采用直径 $1.7\mu m$ 超细粒填料填充色谱柱，分析速度、分离度和灵敏度是传统 HPLC 的两倍以上，更适合应用于热稳定性差和难挥发的代谢产物分析。亲水性相互作用的专用色谱是针对极性强的代谢产物研发的色谱柱，具有与反相色谱互补的选择性识别特性而被广泛采用，据文献表明，HILIC-ESI（±）-Q-TOFMS 能提供微生物代谢产物分析的最多信息量。非靶向代谢产物分析基于 UPLC-Q-TOFMS 的流程是：微生物样品处理、代谢产物的提取、LC-MS 全面扫描检测、化合物离子数据处理、统计学数据分析及差异物结构鉴定。食线虫真菌发酵培养后，结合数据依赖自动采集方式，采用 HILICUHPLC-Q-TOFMS 技术对微生物发酵液样本进行全谱分析，同时获得一、二级质谱数据，随后采用 XCMS 软件对得到的数据进行离子峰值提取和代谢物鉴定。

四、生防真菌对植物影响

1. 生防真菌对寄主植物的促生作用

赤霉素具有促进植物生长的功能，它是从水稻恶苗病原菌藤仓赤霉的发酵代谢物中分离得到。许多研究指出，真菌代谢产物具有促进寄主植物生长发育的作用，类似于生长素的功效，禾谷镰孢的代谢物质 DON 促进酶类物质活性的提高和小麦胚芽鞘的发育。玫烟色拟青霉菌的发酵培养液促进茶叶产量的增加。有些生防真菌不仅抑制根结线虫病害，而且促进寄主植物的生长发育和产量增加。研究者使用拟青霉防治根结线虫病害，结果显示根结线虫抑制率 66.2%，并且促进番茄根系重量增加 33.34%。研究发现，淡紫拟青霉与菌根真菌联合不仅能够抑制根结线虫病害，而且促进番茄产量显著增加。在真菌代谢产物生物活性研究中发现，经过特殊培养基的深层发酵培养，淡紫拟青霉产生大量类似萘乙酸的化合物，其菌液的生理功能与生长素相同，低浓度促进寄主植物生长，高浓度抑制植株的发育；孢子浓度为 10.5×10^4 CFU/ml 的淡紫拟青霉培养滤液具有促进番茄、水稻、小麦和大豆幼苗的生长，但是高浓度的孢子悬浮液抑制以上作物种子萌发和幼苗发育。也有相关报道，拟青霉菌的发酵培养液具有类似细胞分裂素或生长素的功效，当浓度为 0.5%时，发酵培养液显著促进小麦胚芽鞘的生长和黄瓜子叶的扩张，与 0.1mg/L 的萘乙酸产生的促生效果没有差异。分离得到的厚壁轮枝霉和淡紫拟青霉不仅能够控制南方根结线虫，而且能够促进番茄植株的生长和产量增加。木霉属菌株可以产生植物生长调节物质和植物激素乙烯的合成前体，促进植物的生长发育，提高寄主植株的产量。在田间试验中，木霉菌株 T22 促进胡椒和番茄的生长和产量增加；长枝木霉菌株 T6 和绿色木霉菌株 Tvir-6 的孢子悬浮液对南方根结线虫具有较强毒杀效果，并且促进黄瓜的生长，显著提高产量。木霉通过增强寄主植株获得营养的能力，促进植物生长发育，同时其分泌各种代谢物质，促进寄主不同生理功能，诱导植株产生系统抗逆性。

2. 生防真菌诱导植物抗性

植物诱导抗性又称植物系统获得抗性，植株在遭受合适的外界刺激，促使抗性基因完全表达，产生各种防卫反应，诱导植物的外部形态特征、内部生理生化反应的改变，促进抗逆性的产生，增强寄主植物抗病虫能力。诱导植物产生系统性抗病性的因素可分为生物性和非生物性，生物性因子有真菌、细菌等，非生物性因子包括温度、创伤及酚酸类化合物质，如水杨酸与诱导抗性关系密切，研究认为其是植物产生系统诱导抗性的信号。用低毒性的病原菌葡萄孢感染秋海棠幼苗，后期研究发现，秋海棠对高毒性的葡萄孢菌具有显著抗性。生防真菌与寄主植物建立稳定的宿主关系后，激活植物的免疫反应，打破寄主植物物理或化学屏障，获得广谱性的抗病能力。寄主植物体内有多种与植株系统诱导抗性关系密切的酶类物质，如苯丙氨酸解氨酶（PAL）、多酚氧化酶（PPO）、过氧化物酶（POD）、酪氨酸解氨酶（TAL）、超氧化物歧化酶（SOD）等，这些酶类物质直接或间接参与清理活性氧、自由基，合成木质素、植保素、酚—醌类化合物等抗菌物质，被认为是植物系统抗病性产生的催化剂。研究表明，抗病作物品种和产生诱导抗性的植株体内 PAL、PPO、POD、SOD 等的活性显著增强，并且这些酶的活性与植株抗病性呈正相关，酶类物质诱导植物系统抗病性的产生。

目前，一些学者开展关于诱导植物抗线虫病的研究，在菠萝叶片上喷洒甲基苯酚油，菠萝植株对爪哇根结线虫的抗病性显著提高，并且分析外源物质、Gene1（PR-1）和产生诱导系统抗病性的相关性。研究发现，铜绿假单胞菌 IE-6S 菌株和荧光假单胞菌 CHA0 菌株能够诱导番茄产生对爪哇、南方根结线虫系统抗病性，抗性效果分别显著高于对照 29% 和 42%。研究者用化学诱导剂和荧光假单胞菌菌株 P29、芽孢杆菌菌株 B1 诱导白三叶草产生系统抗病性，降低胞囊线虫雌虫的产卵率，增加二龄幼虫的畸形率，抑制线虫的为害。海洋细菌 IA00316 发酵液和红灰链霉菌 HDZ-9-47 菌株可以增加番茄 PAL、POD 和 PPO 酶活性来抑制根结线虫的侵害，表明植物体内酶的含量和活性与植株抗线虫性相关。番茄 Nematex 品种接种南方根结线虫后，在 27℃ 条件下，植株体内 PAL 活性增强，番茄表现出抗病性；在 32℃ 条件下，植株体内 PAL 活性被抑制，番茄表现出感病性。研究认为，植物体内 PAL 活性增强，促进酚-醌类物质的合成，较多的酚-醌类物质对线虫具有毒害作用，从而抑制根结线虫的为害。植物体内酚-醌类物质的含量与抗线虫性呈正相关。研究者在根结线虫侵染与植物体内 POD 活性关系研究中发现，没有南方根结线虫的侵染，番茄抗、感品种植株间体内 POD 活性没有差异；接种线虫后，抗病番茄品种体内的 POD 活性显著增加，番茄感病植株体内的 POD 活性显著减少。番茄幼苗体内 PPO 活性与抗南方根结线虫能力显著相关。植物体内 PAL、POD、PPO 三种酶促进寄主植物产生诱导抗性，其活性可以作为植物抗根结线虫能力水平的指标。

第五节　线虫生防菌剂的研制和产业化

从 20 世纪 70 年代末在法国登记注册防治蘑菇床菌寄生线虫的商品制剂以来，已经有不少的线虫生防菌剂被登记注册或正在研发中，这些生防菌包括了防治蘑菇菌寄生线虫的 *Arthrobotrys robusta* （Royal-300）、防治蔬菜根结线虫的 *Arthrobotrys irregularis* （Royal-350）和穿刺巴斯德芽菌、防治根际线虫和胞囊线虫的淡紫拟青霉（Paecil 或 Bioact；大豆保根菌剂）和厚垣孢普可尼亚菌、防治大豆胞囊线虫的不产孢真菌（ARF18）、防治植物寄生线虫的 *Myrothecium verrucaria* （DiTera）、洛斯里被毛孢和防治动物寄生线虫的 *Duddingtonia flagrans*。这些产品或正在研发中的产品无疑对植物寄生线虫的生物防治起到了很大的推动作用，但是也应该看到这些产品的应用仍然受到极大的限制。

　　生防菌剂的高效大量生产和高质量菌剂制剂是线虫生防产品广泛应用的前提，由于植物寄生线虫主要存在于土壤，其微小的个体及负载的土壤环境常常需要引用大量的菌剂或及高效的菌剂。巴斯德芽菌是非常高效的生防作用物，但其大量生产至今没有很好地解决，美国佛罗里达大学采用接种少量的巴斯德芽菌然后种植耐病品种，同耐病品种增加线虫的数量从而促进巴斯德芽菌的繁殖，翌年以后种植感病品种可以达到防治的目的。对于淡紫拟青霉、厚垣孢普可尼亚菌等这些生防菌大量生产比较容易，但防治效果往往不稳定，通过添加一些有机添加物、微量元素等通过多种作用方式和作用于线虫生活时的不同时期达到治理线虫的目的。在研制大豆胞囊线虫生防制剂时就是采用了这一思路，从而达到了用量少和取得相当的防治效果。

一、新型生防资源的挖掘和应用技术

　　尽管已经进行了大量的线虫生防资源的调查，但是微生物作为线虫生防资源的主体仍然有许多未知的种类需要挖掘，在最近的研究中我们发现了一个产生黏性分枝捕食器官的新变种，在未加诱导物的情况下可以大量形成捕食器官，可能是一个很好的生防资源。在我国黄淮海地区寄生大豆胞囊线虫的巴斯德芽菌的普遍存在也是一个有待开发的重要资源。前面提到的胞囊际间微生物区系需要进一步的调查、开发和利用。

土壤抑菌作用是影响生防菌剂效果的关键因子之一，已经证明大多数土壤对生防菌的孢子萌发有抑制作用，如何打破土壤抑菌作用使生防菌剂在土壤中很好地定殖和发挥作用是非常重要的，菌剂中添加有机物可以在一定程度上打破土壤抑菌作用，但是仍然难以使生防菌在土壤中很好地发挥作用，通过结合一些低毒无污染的化学熏蒸剂处理土壤，打破土壤原有的对植物有害的环境，再引入生防菌剂，通过生防菌剂的定殖重建有利于植物的土壤环境，这种土壤快速生态治理技术应该是线虫治理的一条有效途径。

二、优良菌株的筛选模型和评价体系

优良生防菌株的筛选和评价是生物防治及微生物农药研制的基础。一般的步骤是室内平板筛选、温室盆栽试验和田间小区试验。室内平板筛选是利用竞争和拮抗或寄生的原理，对室内筛选出的优良菌株的评价是通过温室和田间小区试验，主要指标是防治效果，生防菌剂是作用于植物—有害生物—环境条件形成的复合体，而对目标有害生物的作用方式包括营养和空间竞争、拮抗作用、寄生或捕食、诱导植物抗性等多种途径。目前的筛选模式只是针对有害生物，脱离了植物和环境条件，并且只涉及其中的 1 种或几种作用方式，这样的筛选往往使很多好的菌株未能被筛选出来，或导致温室与田间的评价效果与平板筛选的不一致，常常导致多于 50% 的供筛选的生物会被漏掉。对防治效果的评价也仅仅考虑病害严重度或病情指数，并不能够反映生防菌与寄主之间的动态关系，至今没有理想的菌株筛选方法和评价体系。密度依赖制约作用是指寄生物的数量随着寄主数量的增加而增加，当寄生物的数量增加到一定程度后寄主的数量被抑制，寄生物的数量也随之下降，寄生物和寄主之间的负反馈现象可以调节二者的群体密度。密度依赖制约作用在害虫生物防治中普遍存在，在植物病害生物防治中一直没有受到重视。早在 1938 年研究者通过施入植物残体到土壤中抑制根结线虫的现象提出了导致线虫密度变化的假说，即有机残体增加腐生细菌数量、进而增加腐生线虫的数量。导致捕食线虫真菌增加，从而抑制了总线虫数量包括根结线虫的数量。国外研究者发现洛斯里被毛孢与寄主线虫 Criconemella xenoplax 存在密度依赖寄生作用，并进行了一系列的研究。其他研究者发现穿刺巴斯德芽菌对线虫 Xiphinema diversicaudatum 具有密度依赖寄生性。研究者对卵寄生菌 Nematophthora gynophila 与禾谷胞囊线虫进行了模型模拟，证明它们之间具有密度依赖关系。对于一些植物病害的自然衰退分析发现，寄生物或拮抗菌与病原物之间具有密度依赖现象，例如，Verticillium biguttatum 与马铃薯根腐病菌 Rhizoctonia solani、Laetisaria arvalis 与甜菜猝倒病菌 Pythium sp.，Coniothyrium minitans 与向日葵菌核病菌，Trichoderma harzianum 与菠菜根腐病菌 Rhizoctonia solani，荧光假单孢杆菌与小麦全蚀病菌，芽孢杆菌与甜菜猝倒病菌等。由于生防菌的数量及活性定量研究难度大，并且更关注防治对象和效果，对密度依赖寄生性在生物防治中的重要性没有足够认识。研究发现，不同菌株间对根结线虫的寄生率与线虫密度间存在不同程度的相关性，最近有些学者筛选出的寄生大豆胞囊线虫优良菌株 OWVT-1 与大豆胞囊线虫具有密度依赖关系，而其他菌株不具备这种关系。寄生物与寄主之间的关系是长期进化的结果，寄生物对寄主的控制作用不应该局限于防治效果上，而应该通过寄主及寄生物之间的密度依赖的强弱来评价寄生物对寄主的控制效果，即通过密度依赖关系建立生物防治优良菌株的筛选方法和评价体系。

三、根结线虫生防真菌制剂的研究

根结线虫生防真菌制剂是以生防真菌的菌丝或分生孢子为材料发酵加工得到的农药制剂，药剂的加工需要两个步骤，发酵和制剂。食线虫真菌的大量生产一般采用液态发酵、固态发酵和液—固双相发酵，根据生防真菌所需材料是菌丝还是分生孢子等因素确定具体的发酵方式。液态发酵的优点为劳动强度小，产量大、生产周期短，污染程度低、重复效果好；但是液态发酵成本花费高，发酵产生的孢子类型多样，有些孢子类型不适合用于生物防治。温度、摇床速率、培养基含量及接种量直接影响食线虫真菌的液体深层发酵产生的菌丝和分生孢子量及其菌株代谢物质的毒力等。采用多级液体深层发酵技术，大幅度提升淡紫拟青霉的分生孢子含量和菌丝重量。固态发酵以麦麸、谷壳、秸秆等原料作为固体培养基，在塑料袋、浅盘等简单设备上发酵的方式，优点有技术和设备简单、容易操作，大量产生分子孢子等；但是该发酵方法有劳动强度大、生产周期长、培养基利用率低、污染程度高等缺点。液—固双相发酵是将生防真菌经液体发酵大量产生菌丝或各种类型的孢子，转移至固体培养基充分产生分生孢子的发酵方式，此方法生防真菌培养周期短、快速繁殖，污染率低，适合实践生产。在生防真菌渐狭蜡蚧菌菌株 TN002 发酵培养条件研究中明确不同的培养温度、接种量、摇床转速对菌丝干（湿）重和分生孢子产量显著影响。利用液—固双相发酵的方法提升绿僵菌产孢量，同时明确固体发酵阶段，浅盘发酵优于塑料袋发酵，培养 7d 的产孢子量最大，可达 16.1mg/g。在利用液—固双相发酵技术生产玫烟色拟青霉菌的分生孢子粉的研究中证实，该菌分生孢子粉最佳干燥方法是在 0.1MPa、30℃条件下抽干 20~24h。液—固双相发酵技术具有多种优势，可以快速增加生防真菌的种群数量，大量产生分生孢子，同时也是食线虫真菌制剂研究的基础。

活体菌丝或分生孢子是食线虫真菌制剂的有效成分，难溶于水，直接影响制剂的湿润性和悬浮性；对环境条件（光照、温度、湿度等）敏感，制剂稳定性差；与各种常规助剂相容性低，制剂加工困难。国内真菌杀线虫制剂种类只有颗粒剂和可湿性粉剂两种，颗粒剂是用生防真菌的分生孢子与惰性载体混合制作成颗粒状农药，用厚垣孢轮枝菌制成了厚孢轮枝菌微粒剂，对大豆胞囊线虫的田间防治效果较好，但是有外界环境条件对该菌剂影响严重、防效不稳定等实践问题；淡紫拟青霉菌株 PL89 可湿性粉剂有效的防治黄瓜根结线虫病，相对防治效果为 72.5%，并且显著地定殖于黄瓜根表皮、种植土壤和根际部位。食线虫真菌经过液—固双相发酵产生的孢子粉与载体、湿润助剂、分散助剂等混合制成可湿性粉剂，在田间喷施药过程中，能够形成稳定的悬浮液，促进分生孢子萌发，增强防治效果。选择适宜的润湿剂，研制球孢白僵菌可湿性粉剂，20℃贮存 8 个月，孢子萌发率 85%，害虫防治效果 95%。有研究者以顶孢霉菌为研究对象，通过筛选得到其可湿性粉剂的最佳配方：载体是硅藻土，润湿助剂是 1% 的十二烷基硫酸钠，分散助剂是 1.5% 的木质素磺酸钠。利用淡紫拟青霉和蜡质芽孢杆菌可湿性粉剂有效防治甜瓜常见 4 种根结线虫的为害，试验确定淡紫拟青霉可湿性粉剂对黄瓜根结线虫的田间相对防治效果是 66.7%。

第六节　根结线虫生物防治

根结线虫的生物防治由来已久，并受到了人们的日益重视，自 1874 年 Lohde 发现醋线虫钩丝孢寄生醋线虫和 1888 年 Zopf 报道少孢节丛孢捕食小麦瘿线虫以来，世界上很多国家和地区对利用线虫天敌微生物进行植物寄生线虫的生物防治开展了大量的研究工作，希望将天敌微生物引入土壤，从而达到控制植物病原线虫的目的。有学者提出用捕食线虫真菌防治线虫的观点，他利用捕食线虫真菌对凤梨根结线虫进行防治并取得了一定效果。从此以后，从事线虫学、植物病理学等不同学科的许多科学工作者投身于这项艰苦而有意义的工作。

根结线虫生物防治的早期研究工作主要在法国、美国、英国以及苏联，他们对食线虫真菌分类学和生态学研究的成果为开展根结线虫和其他植物寄生线虫的生物防治提供了翔实的资料。但早期的研究工作在防治植物寄生线虫上收效不大，导致一部分人对利用微生物控制线虫为害失去了信心，有志于这项研究工作的科学家也难以得到必要的支持。于是，线虫的防治主要依靠化学杀线虫剂的方法，这种状况一直维持到 20 世纪 70 年代初。基于两个事实：一是长期使用剧毒化学杀线虫剂给环境带来的为害日渐显露；二是大豆胞囊线虫和根结线虫自然衰退现象的发现，人们重新认识到线虫生物防治的重要性和科学性，使得根结线虫的生物防治在 20 世纪 70 年代中期开始受到全世界的关注，各国政府给予了极大的支持，因而吸引了众多的科学工作者加入这项工作中来，使根结线虫生物防治的研究在世界不同国家和地区广泛开展，为这一领域的发展提供了必要的基础。在世界各国科学工作者的不懈努力下，根结线虫的生物防治工作已经取得了一定的进展，呈现出较好的发展趋势。根结线虫生物防治天敌资源在世界不同国家和地区被广泛调查和筛选，其涉及的真菌按功能区分包括捕食真菌、寄生真菌、机会真菌、产毒真菌，此外，专性寄生细菌以及根际细菌的研究也成为根结线虫生物防治研究的热点之一。根结线虫生物防治保护的对象包括重要农作物、经济作物、蔬菜和水果等不同的植物种类。

根结线虫化学防治会带来环境和食品安全以及产生抗药性等问题，在很大程度上限制了其使用，轮作防治受到各种条件的制约，抗线虫作物品种的应用还不广泛，根结线虫防治仍缺乏安全有效的防治措施。而符合绿色食品蔬菜生产要求的生物防治具有十分广阔的应用前景，已受到世人广泛关注，成为研究的热点，大量的线虫天敌如真菌、细菌、病毒、捕食性线虫、昆虫、放线菌以及一些软体动物都相继被发现。目前，对根结线虫生物防治方法的研究主要集中在线虫天敌和杀线虫植物提取液的开发，但是其中只有真菌和细菌的生物防治作用研究较多，并取得重要研究成果，捕食性线虫也只是在国外有较少的研究，而其他的线虫天敌研究相对而言就更少，目前也不具备应用的条件。

一、根结线虫生物防治资源

根结线虫生防资源是指它们在自然界的所有天敌生物，包括食线虫真菌、专性寄生细菌、根际细菌、放线菌、病毒、立克次氏

体、原生动物、水熊、扁虫、螨虫、跳虫、Enchytraides 以及捕食
性线虫等。

1. 食线虫真菌

食线虫真菌是指对线虫具有拮抗作用的真菌统称，是线虫生物
防治中最重要、研究最广泛的线虫天敌，是根结线虫最有潜力的生
防菌之一。根据作用方式的差异，将食线虫真菌分为捕食性真菌、
寄生性真菌、机会性真菌和产毒性真菌。分离载体包括根结线虫卵
囊、卵、二龄幼虫、雌成虫和雄虫等根结线虫的不同发育阶段。其
中一些种类国内外均有报道，如寡孢节丛孢、指状节丛孢、厚垣孢
普可尼亚菌、淡紫拟青霉、尖孢镰孢菌等。一些种类只有国外报
道，如海洋真菌、褶生轮枝菌等。而也有一些种类仅在国内被报
道，如圆锥掘氏梅里霉、海洋真菌链孢黏帚菌、棕黑腐质霉等。分
离食线虫真菌的植物包括粮食作物、蔬菜、烟草、果树、观赏植物
等不同类型的植物，达数十种之多。食线虫真菌在全世界广泛分
布，存在着巨大的物种多样性，既有广泛分布的常见种类，又有地
区分布的特殊种类，它们是根结线虫生物防治的巨大资源宝库。从
目前国内外对食线虫真菌研究开发的成果看，使用较多的生防真菌
主要是世界广泛分布的种类，即淡紫拟青霉和厚垣孢普可尼亚菌
等。许多国家利用淡紫拟青霉成功地防治根结线虫等多种线虫。国
外学者还报道利用粉红黏帚霉菌和哈次木霉及绿色木霉对根结线虫
的生防研究，并且证明其具有生防活性。国内，根结线虫生防研究
起步较晚，目前利用真菌较多的是厚垣孢轮枝菌和淡紫拟青霉防治
南方根结线虫。有关于哈次木霉 Snef-85 发酵液对不同种类线虫的
毒力研究。也有研究表明疣孢漆斑菌对蔬菜根结线虫具有致死作
用。太原学院的杜宾博士对山西省设施蔬菜根结线虫致死作用机制
和应用研究，发现一株可以寄生于南方根结线虫卵、二龄幼虫和雌
虫的生防真菌——黄孢原毛平革菌（*Phanerochaete chrysosporium*）菌
株 B22，该菌株对根结线虫卵孵化有较强抑制作用，具有显著的杀线
虫活性，相关研究成果见附录。

2. 线虫天敌细菌

根结线虫天敌细菌目前报道的主要巴斯德芽菌属的 3 个种（穿刺巴斯德芽菌、多刺巴斯德芽菌和巴斯德芽菌属亚种）和根际细菌类。其中穿刺巴斯德芽菌是研究最多的线虫天敌细菌。

（1）穿刺巴斯德芽菌。20 世纪 70 年代以来，有关巴斯德芽菌的研究逐渐增多。研究结果证实，巴斯德芽菌的分布非常广泛，迄今已从 96 个属 196 种土壤线虫体内发现了巴斯德芽菌或其类似物。其中能侵染植物根结线虫的穿刺巴斯德芽菌是研究较多的一种。该菌专性寄生于根结线虫的二龄幼虫，以球形的孢子黏附于线虫体表，受侵染的二龄幼虫侵入根系后，随线虫的发育，细菌不断在体内增殖，当线虫发育到成虫时，其体内充满细菌而导致雌成虫死亡，并释放出大量的细菌于土壤中。该细菌抗干旱，在干燥条件下可存活几年。而多刺巴斯德芽菌专性寄生于最短尾短体线虫，没有深入研究。近 20 年来，国外对应用穿刺巴斯德芽菌防治植物根结线虫进行了大量的研究，并取得了重要进展，认为穿刺巴斯德芽菌是用于植物根结线虫生物防治的一种有希望的研究对象。美国、英国、澳大利亚等国家已经对该菌株进行深入的研究，并将其广泛用于根结线虫的生物防治，取得了很好的防治效果。我国在 20 世纪 90 年代初也进行了这方面的研究。虽然穿刺巴斯德芽菌研究较多，但由于它为专性寄生物，难以人工培养，大量生产受到限制，目前尚无商品化制剂。

（2）根际细菌。根际细菌是指从根际分离所得，依据其对植物的反应将其分为有益、有害和中性 3 类。有益根际细菌又被称为促生根际细菌。促生根际细菌指与根有密切关系并定殖于根系，能促进植物生长的根际细菌。现在人们研究的根际细菌多指在生防中具有拮抗作用或促生作用的有益根际细菌。根际细菌对线虫的作用机制目前不是特别清楚。有学者将其归纳为三个主要的方面，一是产生杀线虫物质，二是改变根分泌物与线虫作用方式，三是营养和空间位点竞争。目前在温室和田间对植物寄生线虫有防效作用的根际细菌有荧光假单胞菌、球形芽孢杆菌、枯草芽孢杆菌、放射性土壤杆菌及致金色假单胞菌，而有些有效根际细菌尚未鉴定。1988年有报道根际细菌蜡状芽孢杆菌和两株假单胞菌对防治南方根结线虫、大豆胞囊线虫、玉米胞囊线虫和燕麦胞囊线虫有效，减少了根结数，根系增大，根净重增加。根际细菌在温室自然土中防治效果同田间效果一致，大部分超过 40%。我国研究者开展了根结线虫幼虫致病细菌的筛选，分离和纯化细菌 142 株，其中 4 株对番茄根结线虫的校正死亡率达 80% 以上，同时使香蕉根结线虫侵染率为零。有关于 10 种 Bt 伴胞晶体蛋白的分离产物对根结线虫的杀虫活性的研究表明，指出 Bt-7N、Bt-Den、Bt-18、Bt-K73、Bt-Soto 和 Bt-7 具有较高杀虫活性，对线虫的致死率为 86%~100%，Bt-7N 的粗上清液和去菌丝液对根结线虫卵孵化的抑制率分别是 78% 和 77%。

　　（3）根结线虫捕食性天敌。①捕食性线虫。目前对捕食性线虫的研究还非常少，只是在国外有少量的报道。据报道，用夜蛾斯氏线虫和异小杆线虫能有效降低南方根结线虫和北方根结线虫的卵孵化率。研究者利用捕食性线虫防治番茄上花生根结线虫，结果发现可以有效减小植物根结指数和花生根结线虫种群数量，并能促进番茄的生长和发育。意大利农业科学院植物保护研究所也对捕食性线虫的研究做了大量的工作。尽管在多数农业土壤中还存在着大量的捕食性线虫，但人们对其在植物寄生线虫生物防治中的作用还缺乏了解。在线虫的肉食目、矛线目和膜皮目等 3 个目中的许多属是捕食性线虫，其中滑刃总科的长尾滑属是专性捕食性线虫。虽然土壤中这些捕食性线虫对植物寄生线虫的自然控制发挥了一定的作用，但是它们对植物寄生线虫的生防潜力尚不确定，仍然有待进一步的研究。②水熊、扁虫、跳虫、螨类、原生动物及 Enchytraeides。这几类捕食性生物广泛存在于不同结构特性的农业土壤，它们在土壤中的捕食能力都比捕食性真菌强。然而土壤孔隙的大小是影响它们活动性的限制性因素。国外学者观察到水熊捕食植物寄生线虫。

栖居土壤的扁虫是以线虫和其他土壤生物为食的食肉类扁形虫，研究者观察到南方根结线虫被扁形虫 Adenoplea sp. 捕食，跳虫和螨虫可能是植物根周围和腐烂有机物内数量最多的节肢动物，不同学科的研究者报道了它们捕食植物寄生线虫的现象。尽管Enchytraeides 被报道作为根结线虫潜在的拮抗生物，但其实际对植物线虫捕食的作用尚不确定。同样，一些与变形虫相似的原生动物也被报道捕食植物寄生线虫，但不知道这些生物对线虫的控制作用及其经济重要性。总之，由于缺乏对以上几类捕食性生物知识的全面了解，如它们对线虫的防效如何，还有由于它们的个体较大对生产和商业化带来了困难，致使它们作为控制植物寄生线虫的天敌之一还缺乏科学依据，有待进一步的研究。

3. 其他寄生性天敌生物

在根结线虫寄生性天敌生物中，除寄生性食线虫真菌和细菌外，还有病毒和立克次氏体两类天敌生物。由于现在收集线虫的方法存在极大的局限性，特别是很难对被病毒侵染或无活动性的线虫进行有效的分离。但是目前已经知道一些植物病毒是以线虫为载体对植物进行侵染的。这些病毒一般与剑属、长针属、毛刺属和拟毛刺属几个种的口针和食道有关。但没有发现这些病毒对线虫的致病力。Loewenberg 报道可能由一种能通过细菌滤膜的病毒引起南方根结线虫行动呆滞，这种线虫的幼虫不能使植物形成根结，但也没有病毒颗粒从这种感病线虫中被发现。

4. 杀线虫植物提取液

目前已经发现了 200 多种植物对根结线虫有活性，研究最多最广泛的是印楝树，其次就是一些中药材植物。一般的植物提取液不仅能够有效控制根结线虫，而且可以在一定程度上促进作物的生长发育，植物提取液（物）的作用效果也逐渐被人们认可和重视。

美国、英国、印度、墨西哥等研究利用植物防治寄生线虫已有几十年的历史。分别用印楝树的叶子粉末、锯屑和油饼对南方根结线虫做生物活性测定，结果表明这3种印楝树产品对植物寄生线虫都有显著的防治效果，其中以油饼的作用效果最为明显。据报道，利用牧豆树属植物、牛角瓜属植物和白头银合欢等植物切细叶片混合物可防治番茄上的南方根结线虫。我国在植物性杀线虫剂研究方面虽然起步比较晚，但近年来也取得了可喜的进展。福建省农业科学院植物保护研究所等单位曾对多种中药材植物如万寿菊、百部、合欢、白芥子等的提取液对根结线虫的防治效果进行了广泛而深入的研究，发现有11种植物提取液处理根结线虫24h后的致死率达50%以上，23种植物提取液对根结线虫卵的孵化有很强的抑制作用，16种植物对根结线虫卵有毒杀作用。不同植物提取液对线虫的防治效果不同，许多杀线虫植物不仅可利用其提取液防治线虫，也可以利用其切细的叶片与土混合防治线虫。有学者研究天南星、商陆和半夏等3种中药材对根结线虫的防治效果，其提取液24h的EC_{50}分别为 0.47g/L、1.98g/L、3.91g/L，48h 的 EC_{50} 分别为 0.24g/L、0.52g/L 和 2.50g/L，并认为其可作为一种有潜力的植物源杀线虫剂资源加以利用。

目前已有印楝素、苦豆碱、DMDP（2,5-二羟基甲基-3,4-二羟基吡咯烷）等植物性杀线虫剂投入商品化生产。植物源杀线虫剂的系统研究比较缺乏，所以开发植物源杀线虫剂防治根结线虫具有很大的研究空间，植物源杀线虫剂今后将会成为防治根结线虫的重要途径。

5. 放线菌

在以拮抗或毒杀方式作用于根结线虫的天敌生物中，除细菌和食线虫真菌外，还包括放线菌中的一些种类，它们能够产生具有抗生或杀线虫特性的化合物。例如，从除虫链霉菌的代谢物分离到大环内酯化合物，命名为阿维菌素，该化合物具有高效广谱杀线虫活性。商品制剂的颗粒剂和液体剂型对番茄南方根结线虫具有较好的防效，是目前在生产上应用最多的根结线虫生物制剂。但由于阿维菌素不溶于水，在土壤中会快速降解，它控制线虫作用的潜力需要进一步调查。经过根结线虫病害的调查研究，一些地区蔬菜的根结线虫对其产生了明显的抗性，导致某些设施农业田间防治效果不到30%，较10年前刚开始使用时防治效果显著降低，其抗性产生的机制目前还不清楚。

二、根结线虫生物防治途径

根结线虫天敌生物种类繁多，作用方式多样，在利用天敌生物对根结线虫进行生物防治时，其利用方式可概括为两大基本类型，一是自然生物控制，即通过土壤本身存在的生物调控来抑制有害线虫的群体数量；二是引入生物控制，即将天敌生物制成生防制剂施入土壤中直接防治根结线虫。

1. 自然生物控制

自然生物控制是指利用土壤中自然存在的天敌生物来控制线虫数量，又称自然控制。根结线虫被发现在连作或多年生作物上种群数量自然下降，即发生自然衰退现象，如美国加利福尼亚州的桃园根结线虫被 Dactylella oviparasitica 抑制；非洲塞内加尔的菜园及澳大利亚南部的葡萄园中的根结线虫自然地被穿刺巴斯德芽菌抑制。线虫学者对桃园根结线虫的自然控制进行了详细研究，当桃树抗根结线虫品种 Nemaguard 出现后，在美国加利福尼亚州有 20% 的桃园仍然保留着感病品种，而这样的桃园有 45 年以上的历史，在这样的桃园里根结线虫数量极少，而周围相似环境的葡萄园则根结线虫数量很大，研究发现桃园中根结线虫的卵 20% ~ 60% 被 D. oviparasitica 寄生，实际寄生率远高于此，因为许多被寄生的卵在计算前已经消失，结果说明 D. oviparasitica 有效控制了根结线虫的为害，解释了加利福尼亚桃园中根结线虫种群密度自然降低现象。通过从土壤分离大量被感染线虫的直接方法和使用选择性生物杀灭剂抑制寄生物活性的间接方法都证明了寄生物对线虫自然衰退的重要性。因此认为食线虫真菌是引起这种线虫 95% 的雌虫和卵死亡的原因及衰退土限制这种线虫增殖的主要因子。在毛里求斯、南非和澳大利亚均发现专性寄生菌能够抑制根结线虫的繁殖力，在温室里经过长期培养，由于寄生菌寄生而使根结线虫降到较低水平。根结线虫种群密度自然降低事例很多，出现这种现象的大多是前几年作物根结线虫受害株率高，受害十分严重，分析其原因，认为可能是自然天敌控制的结果。

2. 引入生物控制

引入生物控制是指将有效的线虫天敌微生物通过发酵生产成为一定的制剂后引入土壤控制根结线虫为害，又叫诱导生防。引入生物控制是目前植物病虫害生物防治的主要方式。Linford 首次进行根结线虫引入生物控制，利用捕食线虫真菌对凤梨根结线虫进行防治，此后，科技工作者一直致力于将高效天敌生物引入土壤控制植物根结线虫的为害。到目前为止，根结线虫的引入生物控制已取得较大的成就。以不规则节丛孢生产的商品制剂"Royal-350"对番茄根结线虫的防治取得了一定的防治效果；用疣孢漆斑菌制成的"DiTera"、美国 CCT 有限公司用洋葱假单胞菌制成的"Deny"，不仅能防治根结线虫，而且对多种重要农作物线虫都具有较好的防效。美国农业部农业局已研究获得新型抗根结线虫的辣椒 PA-55，作为育种用的亲本很快将其投放市场。我国用厚垣孢轮枝菌 ZK-7菌株制成的"线虫必克"商品制剂及用淡紫拟青霉菌株制成的菌剂对烟草根结线虫的防治效果达到 50% ~ 70%。

三、根结线虫生物防治面临问题

1. 对生态环境的安全性缺乏了解

传统生物防治的"无生态破坏、无副作用、无环境污染"的含义，随着现代生物防治的深入研究和领域的扩展及人类对生存环境的追求越来越高，这种古老的观点已受到新的冲击。现代生物防治的理论、方法和技术在应用的过程中首先遇到的是生态安全性问题，例如，对生防菌施入土壤后的许多生态学问题缺乏了解。天敌真菌、细菌和捕食线虫等活体微生物释放到田间时有可能会对自然界其他生物种群产生生态干扰，破坏生态系统平衡，甚至有些天敌还有毒，如根结线虫真菌天敌淡紫拟青霉对哺乳动物有一定毒性，其他天敌真菌对自然界微生物群落的影响还没有可靠的研究结果。生物制剂在释放到自然界之前，只有公正评价生防作用物的利弊，健全生物防治研究工作的规范化程序，加强对生防作用物风险评价，有控制性地利用生物制剂防治根结线虫，才能达到防治效果和环境友好的统一。

2. 缺乏高效稳定的生防菌株

虽然根结线虫天敌资源很丰富，但获取到的既高效稳定，又对环境适应强的菌株很少。很多菌株在实验室条件下对根结线虫有较高的毒力，在应用到田间后效果较差甚至没效果，这是制约根结线虫生物防治大面积应用的重要因素。今后必须利用现代生物技术筛选构建高效、稳定、多功能的生防菌株，同时加强对生防菌定植、消长规律及土壤抑菌作用等生态学问题的研究，只有研究清楚了这些问题，根结线虫的生物防治才有望取得突破性的进展，才能发挥生物防治在根结线虫综合治理中的应有的作用。

3. 防效低，效果慢，成本高

虽然对根结线虫的生物防治已经进行了非常广泛和深入的研究，但大多还停留在试验阶段，离实际应用还有很大的距离。已商品化的生物制剂在大田应用时由于环境因子的多变性导致生物防治效果的不稳定。同时生防菌与环境因子、寄主作物、病原菌以及其他微生物之间存在既错综复杂又特异的关系，使得生物制剂的应用效果受到制约，阻碍了其在生产上的大规模应用，给生防制剂推广带来困难。另外，根结线虫的生防制剂价格比较高，投入成本是化学农药的十几倍以上，防治效果又比化学农药低很多，投入产出低，菜农难于接受，这些都是制约根结线虫生物防治的重要因素。

4. 防治效果受环境因素影响比较大

根结线虫主要存活于土壤之中，因此，使用的生物制剂均要施入土中，土壤的 pH 值、温湿度、耕作方式等对防治效果影响较大。在生产实践中常常发现一些生防制剂在某一区域防治效果较好，但在另一区域防治效果较差，甚至没有明显的防治效果。例如淡紫拟青霉对蔬菜根结线虫的防治效果，据资料报道，在南方地区应用能取得满意的防治效果，但据作者在山西晋中太谷县试验发现防治效果较差，可能是北方地区土壤 pH 值、温湿度等因素影响的缘故。

四、根结线虫生物防治主要的生物制剂

1. 淡紫拟青霉

淡紫拟青霉又叫根线灵，是一种低毒、低残留、安全广谱的生物杀线虫制剂，淡紫拟青霉孢子萌发后，产生菌丝可穿透根结线虫卵壳、二龄幼虫及其雌成虫体壁，在其体内吸取营养繁殖，导致根结线虫死亡。根据资料报道，对温室蔬菜根结线虫防效达到 90% 以上，一次用药持效期达 2~3 年。但是，根据作者多年对温室黄瓜、番茄根结线虫防治试验结果显示，对根结线虫的防治效果较差，分析原因可能是北方地区或示范区域土壤 pH 值、温湿度等环境因素不适宜。

（1）主要剂型及使用方法。常用剂型为 5% 淡紫拟青霉颗粒剂。在播种或移栽时使用，为了保证施药均匀，首先称量好药剂量，然后拌适量的细干土，均匀穴施或条施在种子或幼苗附近，若增施有机肥效果更好。每公顷使用量为 22.5~30kg。

（2）施药注意事项。本品不能与碱性物质混用，也不能与化学杀菌剂混合施用。应储存于阴凉干燥处，勿使药剂受潮和放置于强阳光下。

2. 甲壳素

甲壳素又叫甲壳质、壳多糖，是一种药肥双效微生物制剂，从甲壳动物外壳中提取。本品不仅具有天然、广谱、高效、抗病、抑制线虫等特点，而且无毒、无残留，在有机食品生产上有广阔的应用前景。除了对根结线虫有防治效果外，对枯萎病、菌核病、立枯病等土传病害有良好的兼治效果。

（1）主要剂型及使用方法。常用剂型为 2.5% 甲壳素水剂。在定植时采用 400～500 倍液浇灌定植沟，再在定植缓苗后用 400～500 倍液灌根。浇灌根部的施药方式在大田效果较好，而在温室效果较差，一般不提倡使用。

（2）施药注意事项。不能与碱性农药或叶面肥混用，与农药混用首先进行试验，在没有反应和沉淀发生的情况下混用。

3. 苦参碱

苦参碱又名苦参素、蚜螨敌，是由中草药植物苦参的根和果提取液制成的生物碱制剂。属于低毒，杀虫，杀线虫剂，对根结线虫主要是触杀和胃毒作用，且对人畜无毒、无残留。其杀虫机制是使根结线虫神经中枢麻痹，从而使虫体蛋白质凝固、堵塞，窒息死亡。

（1）主要剂型及使用方法。常用剂型有 0.2%、0.3%、1% 苦参碱水剂。生产上经常用 0.2% 苦参碱稀释液 1 000～1 500 倍液灌根。

（2）施药注意事项。苦参碱遇碱性物质容易分解，因此不宜与碱性物质混用。药效慢，与高效低毒的速效农药混用能显著提高药效。

4. 白僵菌

白僵菌是一种真菌杀虫剂。杀虫有效成分为活孢子，孢子接触线虫后，侵染并分泌毒素，使线虫染病而死亡，死亡的虫体产生的白僵菌孢子再扩散，对线虫重复侵染。当温度低于 15℃ 或高于 28℃，菌丝生长缓慢，一般 7～10d 形成一个侵染周期，温度 18～20℃、湿度 85% 以上防治效果最佳。白僵菌对人畜一般安全无害，但有人对其过敏。

（1）主要剂型及使用方法。常用剂型为 50 亿~70 亿个活孢子/g 的可湿性粉剂。配制成每毫升含 1 亿个活孢子的稀释液灌根，每株灌 200~250ml 稀释液。

（2）施药注意事项。对家蚕、柞蚕感染力强，在蚕区禁用。该制剂随配随用，以免孢子发芽失去侵染能力。人体接触白僵菌过多时，会产生过敏反应，在使用时应注意皮肤的保护。

5. 放线菌—几丁质聚糖酵素

放线菌—几丁质聚糖酵素是一种复合生物制剂，对根结线虫防治起主要作用的是放线菌。放线菌分解有机物质，产生细胞外酵素以分解蛋白质、纤维质、木质素、甲壳质，从而抑制根结线虫和其他土传病菌。

（1）使用方法。主要采取浇灌根部的施药方法，对已发生根结线虫的蔬菜作物可用 600~1 000 倍液灌根，对轻度或预防根结线虫为害的蔬菜作物，可用 800~1 200 倍液灌根，每株灌药液 200~250ml。

（2）施药注意事项。浇灌根部后需要及时覆土，保持一定土壤湿度。可与非碱性物质混用，但要随配随用。

6. 线虫敌

线虫敌是对根结线虫、茎线虫有防治作用的复合菌剂。对蔬菜根结线虫防效最好，具有高效、无毒、无污染及提高作物产量与品质等特点。

（1）主要剂型及使用方法。常用剂型为每毫升含 10 亿个活孢子的水剂。使用方法主要有浸种，用线虫敌菌剂 5~10 倍稀释液浸种 10~15min；蘸根，将种苗在 100 倍菌剂稀释液中蘸根 5~6min，然后移栽大田；灌根，在根结线虫发生高峰前，按照每 666.7m^2 面积用含 10 亿个活孢子的水剂 300ml，随灌溉水灌入田中。

（2）施药注意事项。存放在阴凉处，避免阳光直射。不能与其他杀菌剂混用。

7. 鱼藤酮

鱼藤酮是从豆科藤本植物鱼藤的根部提取的一种天然杀虫剂。对人畜低毒，对鱼类等水生生物和家蚕高毒，对蜜蜂低毒。主要作用机制是触杀和胃毒作用。遇碱或强光易分解，残效期短，基本无残留，对作物安全。

（1）主要剂型与使用方法。常用剂型为 2.5% 鱼藤酮乳油。用 800~1 000 倍液灌根，每株蔬菜灌药液 200~250ml。

（2）施药注意事项。对鱼高毒，注意不要污染水源。存放在避光阴凉处，不能与碱性农药混用。

8. 线虫必克

线虫必克有效成分是食线虫真菌厚孢轮枝菌活性孢子。主要杀虫机制是孢子在作物根系土壤中萌发，产生菌丝作用于根结线虫雌虫，导致线虫死亡；另外孢子萌发产生菌丝寄生于根结线虫的卵，致使卵不能孵化。具有高效、无残留、无抗性、使用方便等特点，是高效、安全的环保型农药。

（1）主要剂型和使用方法。主要剂型是 2 亿个活孢子/g 粉粒剂。主要使用方法是在移栽期每 666.7m² 用该制剂 1~1.5kg 与农家肥混匀施入土中；在作物生长期，每 666.7m² 使用该制剂 1.5~2kg 与少量农家肥混匀施于蔬菜作物根部，也可拌干土施于蔬菜作物根部。

（2）施药注意事项。本品宜存放在避光阴凉处，不能与化学杀菌剂混用，现配现用，最好和有机肥混合使用。

第六章　根结线虫病害的农业防治

农业防治是植物线虫病害防治的基础，也是一种经济、有效的防治方法。其原理是通过改进耕作制度和栽培管理方法，创造有利于植物生长发育而不利于线虫繁殖的环境条件，以便控制病原线虫群体的发展，主要是通过发挥和加强作物的耐害和控害能力及恶化有害生物的生存条件来控制线虫的数量，运用农业技术措施来防治线虫是有效和切实可行的，防治原理都是根据线虫的生物学、生理学、生态学等特性而灵活采用。这是当前我国许多植物线虫病害防治的主要途径。

第一节　选留无病种子，培育无病苗木

这是防治以种子、种苗和薯块传播为主的线虫病害，如水稻干尖线虫病、柑橘根结线虫病和甘薯茎线虫病等病害的主要措施。从无病田留种是选留无病种子的简单方法。无病地一般应选在荒地及水旱轮作地，这是培育无病苗木的基础。此外，种子、苗木的消毒处理——通常采用热水处理，也是获得无病苗木的有效措施之一。

种苗是根结线虫远距离传播的重要途径之一，传播速度快，面积广。若栽植带根结线虫种苗，可在一年之内使根结线虫遍布全棚室，并造成严重为害。培育无虫壮苗是切断根结线虫传播，实现设施农业作物优质高产的重要基础。栽植壮苗，能提高植株的抗逆性，增强根结线虫为害后的自然补偿能力，减轻根结线虫的为害。

一、壮苗的生理特性

1. 植株光合能力强

体内碳水化合物蓄积量多，生理活性和吸收力强，有利于新根的发生和花芽分化。

2. 植株内碳氮比例协调

碳水化合物和氮素化合物的绝对含量同步提高，有利于植株抗逆性提高和花序增加。

3. 细胞内糖的含量高

原生质的黏性较大，且种苗内束缚水含量较高，自由水的含量较低，有利于种苗定植后保持植株体内水分的平衡。

二、壮苗生长特点

1. 发根力强

种苗定植后发根的迟早和发根多少，是决定蔬菜种苗缓苗快慢、成活率高低的关键。支持种苗发根力的内在因素，首先是茎基上根原基的多少，一般情况下，茎基越粗，根原基数越多，发根量越多；其次为碳氮比，因为根原基的分化和根细胞的增殖，须以蛋白质核酸的氮素化合物为基础，地上部含碳量高，发根力强，碳氮比与发根力呈显著的负相关。

2. 抗逆性强

壮苗抵御低温、高湿、弱光等不良环境的能力强，生长健壮，即使遭受根结线虫为害，耐害性强，产量降低的幅度也较小。

3. 根结线虫发生晚，为害轻，植株生产力高

无根结线虫的种苗定植后，壮苗早发，即使定植在有根结线虫的土壤中，也发生晚，发生轻，为害小，植株生产力高。

三、培育壮苗的技术要点

1. 苗床床址选择

选择地势高燥、排灌方便、未发生根结线虫的田块。

2. 苗床建造

苗床为东西向，规格为长 10m、宽 1.2m、深 15cm 的标准畦，畦面平整，浇足底水。苗床四周设置高 20cm、宽 25cm 的挡水埂。

3. 苗床土配制

选择未受过根结线虫感染肥沃地块的表层土壤过细筛，清洁杂质，烤晒 7d。然后每平方米施腐熟农家肥 20kg、10% 噻唑膦颗粒剂 3g，将药、肥、土充分混匀。配制好的营养土应具有疏松透气、富含有机质、微酸性或中性、养分完全、保水保肥、没有病虫的特点。

4. 处理种子

将种子晾晒 2~3d，然后用 50~55℃温水浸泡，用水量为种子量的 5~6 倍，处理时间按照常规的温汤浸种方法浸种。处理结束后再催芽，70%以上种子露白后播种。

5. 温度管理

播种时应选晴天进行，播后即盖好 0.01mm 薄膜保温，苗床温度宜保持在 25~30℃，温度过低要加盖草垫升温，温度过高要通风降温，棚内温度要随时观察，及时调温。

6. 覆土保墒

冬、春气温、土温均较低，蒸发量少，不宜多浇水，只有十分缺水时，才适当浇水补充，每次浇完水，等待蔬菜种苗叶片上水分干后，在苗床上撒 0.5cm 厚细土，减少水分蒸发，避免地面龟裂，拉断根系。

7. 叶面追肥

出苗后或嫁接缓苗后，每7~10d喷施1次0.2%~0.3%尿素液或0.3%的磷酸二氢钾液。

8. 低温炼苗

定植前7~10d是炼苗期，白天可利用阳光使气温达到30℃左右，晚上保持低温，以不冻坏种苗为限，逐渐揭去薄膜，直到不覆盖。低温炼苗后，幼苗白天10~16℃时出现萎蔫状态，叶色黑绿，叶肉加厚，植株苗叶尖和茎呈紫红色。经过炼苗，幼苗植株干物质含量高，抗逆性增强。但是，炼苗期要注意天气预报，做好防冻，防止过度干旱，以免出现小老苗。

9. 栽植无根结线虫的壮苗

有研究结果表明，无根结线虫的黄瓜苗遭受根结线虫为害程度明显降低，说明栽植无根结线虫的壮苗对防治根结线虫具有重要作用。

第二节　加强栽培管理

栽培管理特别是肥水管理，对作物的生长发育、对线虫病抗性及线虫本身的种群密度，常有着重大的影响，尤其是表现为缓慢性衰退的线虫病害，例如，水稻、柑橘等作物的根结线虫病，通过加强栽培管理可延缓病情的发展，减轻病害的严重程度，使寄主生长接近正常的水平。特别是感染初期和发病轻的情况下，效果更明显。即便在使用化学农药的情况下，栽培管理也要跟得上才能收到效果。由于施药后新根增多，树势旺盛，要求有较高的肥料水平，因此要根据作物的生长情况增施肥料，这样才能更好地发挥化学防治的作用。

不同肥料对植物生长发育和线虫种群密度有密切的关系，特别是化肥中氮、磷、钾的比例是影响线虫种群密度的重要因素，例如，增施氮肥，田间水稻潜根线虫种群密度提高，而增施磷、钾肥则田间水稻潜根线虫种群密度下降。田间水分管理亦会影响线虫种群密度。用水浸灌则被实践证明，对防治线虫病害有一定作用。例如，感染根结线虫或胞囊线虫的地块。用水浸灌就能杀死土中的大部分线虫。据报道，用水灌泡感染水稻干尖线虫的盆土，结果使水稻发生干尖线虫病的发病率从60%降到1%。

一、淹水防治线虫原理

线虫生命活动离不开水，线虫的孵化、运动、侵入寄主植物都需要在有水的情况下才能进行，土壤颗粒表面水膜存在对线虫的正常生理活动是有利的。同时线虫的生命活动需要大量氧气，一个线虫个体每小时平均耗氧量为 $0.001\mu l$，单位体重的耗氧量是人的50倍，当土壤中混合的氧气量低于生命维持阈值时，线虫的活动就会受到抑制。线虫生活在湿度不饱和的土壤中才能获得足够的氧气，土壤水分处于饱和状态，不利于线虫的活动，促使线虫死亡。长期淹水能降低土壤中的含氧量，直接导致根结线虫窒息而死亡。此外，淹水的土壤中的有机质在厌氧作用下一般会产生丁酸、丙酸、硫化氢等化合物，这些化合物能杀死根结线虫。

二、淹水防治根结线虫的方法

线虫在土壤湿度大缺氧时，往往从植物的根部获取氧气。因此淹水防治宜在作物休闲期进行，且要彻底清除病残组织。具体操作方法：首先清除病残组织，然后旋耕土壤深度 20~25cm，最后灌水，保持水面高度 10~15cm，持续 80~90d。盆栽和田间（蔬菜温室）试验都证明该方法有效减低根结指数，减轻根结线虫病害程度。

三、淹水防治根结线虫的优点

操作方法简单易行，一般具有劳动能力的人均可操作，不受劳动者文化程度的限制；绿色环保，无抗药性，淹水法防治不添加任何化学物质，不会产生毒化作用，无残留药害，对环境友好，对人畜安全。淹水法防治也不会因为长期应用导致根结线虫产生抗耐性。对根结线虫不同的虫态均有效，对分布在不同方位的根结线虫的不同虫态均能有效杀灭，效果好。

四、淹水法防治的局限性

受季节局限。虽然淹水法防治根结线虫一年四季均可应用，但在高温的条件下优于低温条件下的防治效果，因此，淹水防治宜在温度较高季节进行。受水源和土壤类型局限。该技术适宜在水源充足、土壤保水性能比较好的地区推广应用，但在缺水和保水性能比较差的垆土和黄绵土的北方地区推广应用受到很大限制。

受技术特点局限。处理所需时间较长，一般需要 3 个月以上，占用农业作物生长时间过长，不利于设施农业的高效利用。同时，长时间水淹，造成土壤养分淋溶，土壤板结，通透性变差，影响后茬作物生长。

第三节　轮　作

轮作是一种栽培制度，指同一块地上有计划地按顺序轮种不同类型的植物的复种形式，俗称换茬、倒茬或茬口安排。一般是指感病植物与免疫或高抗植物交替种植，或者进行水旱轮作，这是简单易行、效果显著的一种措施。轮作防病的原理实质就是"饿死"，就是在没有寄主时，病原线虫群落会迅速下降到不引起明显经济损失的水平。这是目前国内外防治很多线虫病害的重要措施，轮作防治根结线虫具有绿色环保、可操作性强的特点。根结线虫的寄主范围较广，也可以用非寄主植物轮作，例如，在我国华北和东北地区为害双子叶植物严重的北方根结线虫，可以与玉米轮作，取得很好的防治效果；我国潜根线虫病则通过与蔬菜、烟草等作物轮作方法取得好的防治效果；在美国南部地区的棉花根结线虫病，通过与高粱杂种、抗性大豆轮作的方法得到控制。

　　轮作时一定要注意两个因素。一是要保证用来轮作的植物是靶标线虫的非寄主或不良寄主；但要评估轮作后田间线虫群落的变化，很可能轮作后次要线虫上升为主要线虫，使防治工作面临新的问题。二是要注意轮作年限，理论上轮作年限越长，则效果越好，但轮作年限太长，可能对农民的耕作体制影响太大，有时农民不一定欢迎。

一、轮作防治根结线虫原理

1. 根结线虫的寄主范围有局限性

　　虽然根结线虫寄主范围很广，可为害114科3 000余种作物，但其对不同蔬菜嗜好性不同。喜食蔬菜有黄瓜、苦瓜、厚皮甜瓜、南瓜、番茄、小青菜、芹菜、茄子、豇豆、西葫芦等，不喜食蔬菜有韭菜、大葱、大蒜、芫荽、芦笋等。目前还没发现某一种根结线虫为害所有的栽培蔬菜，利用这一原理实行轮作可有效减轻根结线虫的发生及为害。

2. 根结线虫对不同蔬菜为害性不同

　　设施栽培黄瓜根结线虫发生面积最大，占设施栽培黄瓜总面积的31.2%；其次为番茄，占总面积的20.4%；韭菜发生面积最小，占总面积的4.7%。厚皮甜瓜受害株率最高，为28.8%；其次为小青菜，受害株率26.2%；韭菜受害株率最低，为1.2%。在同一受害程度情况下，根结线虫对不同作物为害性差异较大，如厚皮甜瓜受害株率28.8%，根结指数8.3，产量损失25.8%；小青菜受害株率26.2%，根结指数7.5，产量损失仅为8.9%。总体而言，根结线虫对葫芦科蔬菜为害大于对茄科的为害，对茄科蔬菜为害大于豆科蔬菜，对豆科蔬菜为害大于十字花科蔬菜，对十字花科蔬菜为害大于百合科蔬菜。例如，韭菜虽有发病，但对产量没有明显影响。

可利用根结线虫对不同种类蔬菜为害性的差异性，实行科学合理轮作减轻根结线虫的为害。

3. 轮作可以延缓连作障碍的产生

蔬菜作物在日光温室条件下多年连作，由于相对密闭的生态环境，施肥量大，并且长年覆盖或季节性覆盖，改变了自然状态下土壤水分平衡和溶质的传输途径，得不到自然降雨对土壤溶质的冲刷和淋洗。长期种植一种作物，因其根系总是停留在同一水平上，该作物大量吸收某种特需营养元素后，就会造成土壤养分的偏耗，使土壤营养元素失去平衡，加剧连作障碍的产生，导致作物长势减弱，生长发育速度减缓，对根结线虫抗性降低，根结线虫为害后自然补偿能力减弱。科学合理的轮作，利用不同作物吸收土壤中营养元素的种类、数量及比例各不相同，根系深浅与吸收水肥的能力也各不相同，可减轻或延缓土壤连作障碍的产生，降低根结线虫的为害。

4. 作物根系分泌物的作用

不同作物根系的分泌物不同，有的分泌物有毒害作用，致使作物生长势弱，抗逆性降低。设施蔬菜本身由于有设施保护，土壤不能接受自然降雨的淋洗，有害的分泌物比大田作物积累得快，含量比较高，对作物生长发育影响大。而合理轮作则能避免作物自毒作用的产生，为作物健康生长创造良好的土壤条件，作物生长健壮，能提高蔬菜作物对根结线虫的抗性。由于连作棚室施肥、灌溉、耕作等方式固定不变，会导致土壤理化性质恶化，土壤酸化，微生物群落组成发生变化。对不同连作年限的棚室土壤中微生物数量监测结果表明，随着连作年限的延长，土壤中的细菌、真菌数量增加，放线菌数量减少。

由于放线菌中的一些种类，例如螺旋素类放线菌及其代谢产物对根结线虫种群有明显的抑制作用，放线菌数量的减少将使根结线虫失去自然控制，快速繁殖。这一结论揭示了根结线虫随着棚室连作年限的延长，其发生逐渐加重的机制。

二、确定轮作的基本原则

1. 具有显著的防治效果

详细明确根结线虫的寄主范围，尤其是优势种的寄主范围，哪些是喜食种类，哪些是厌食种类。选择根结线虫厌食，且对本区域其他病虫有一定抗性的蔬菜作物进行轮作，通过轮作达到对根结线虫有显著防治效果的目的。

2. 合理的轮作年限

轮作年限是否合理是决定轮作防治效果好坏的关键。确定轮作年限长短需要考虑两个因素。首先要考虑土传病害的种类。不同土传病害在土壤中存活的时间不同，一般土传病害病原菌在土壤中存活 2~3 年，根结线虫在土壤中存活 1 年以上，黄瓜枯萎病病原菌在土壤中存活 6 年左右，辣椒疫病病原菌在土壤中存活 3 年以上，番茄青枯病病原菌在土壤中存活 14 个月。根据主要防治对象确定轮作年限。如在黄瓜棚室中只有根结线虫发生严重，其他土传病害发生较轻，轮作年限 2 年即可，若黄瓜枯萎病发生严重的田园，轮作除了考虑黄瓜根结线虫外，还要考虑黄瓜枯萎病，轮作年限至少间隔 6~7 年。其次要考虑作物种类。不同蔬菜作物对土壤肥力、理化特性影响不一样，一般认为需间隔 1~2 年的蔬菜有南瓜、毛豆、小白菜、结球甘蓝、萝卜、花椰菜、芹菜、菠菜、大葱、洋葱、大蒜、茼蒿等，需间隔 2~3 年的蔬菜有菜豆、豇豆、辣椒、马铃薯、生姜、山药、大白菜、莴苣等，需间隔 3 年以上的蔬菜有番茄、黄瓜、茄子、冬瓜等。

3. 具有显著的经济效益

通过轮作防治根结线虫是一种防治手段，不是防治目的。防治目的是保证蔬菜作物健康生长，获得良好的经济效益。因此，衡量一种轮作模式合理与否，经济效益是否降低或降低是否明显是需要考虑的主要因素之一。设施蔬菜栽培是一种高投入高产出的种植模式，有些轮作模式虽然对根结线虫防治很有效，但经济效益降低，在生产上难以推广应用。

三、轮作的主要模式

棚室蔬菜轮作种植模式与根结线虫的发生及为害密切相关。研究结果表明，同一种蔬菜连茬种植不论其受害株率还是受害程度均大于不同种蔬菜轮作种植模式。容易感染根结线虫的不同科蔬菜之间轮作其受害株率和程度明显大于与抗线虫蔬菜作物轮作模式。例如，越冬茬黄瓜—秋延黄瓜—越冬茬黄瓜轮作模式，黄瓜受害株率75.1%，根结指数28.9；越冬茬黄瓜—葱—越冬茬茄子轮作模式，茄子受害株率49.5%，根结指数12.5。说明合理轮作能有效防治蔬菜根结线虫。

第四节　改良土壤

通过增施有机肥、石灰和换土办法来改良土壤，是防治线虫病害的简单易行而有效的措施。改土后，常是土壤肥力增加，土壤持水能力增强，植物寄生线虫的数量受到抑制，其机制目前还不十分清楚，可能的解释是增施有机肥，实际上增加了土壤中的腐殖质，有利于植物根的生长。同时有机物在分解过程中，释放出一些简单的有机酸如乙酸、丙酸、丁酸等可能对线虫有害。此外，增施有机肥还可改变根际微生物区系，使线虫天敌数量增加，它们对植物寄生线虫具有抑制作用。施石灰对防治根结线虫病有明显的效果，其作用机理有待于进一步研究，有可能是干扰了根的分泌物，从而影响了线虫侵染。换土的作用原理是不同的线虫种类要求不同的土壤条件。例如，根结线虫适宜于在沙壤土中活动和侵染，因此用塘泥或水稻土替换沙土，可以防治根结线虫病。

换土法是改良土壤环境的措施之一，属于根结线虫绿色防控范畴，具有低碳环保的特点。换土法防治根结线虫不受地区和季节限制，不污染环境，对生态环境和农产品安全，只需投入劳动力，投资成本小，对于换土后造成的土壤肥力下降可通过增施有机肥进行补充。因此对不能实施其他防治措施的地区，采用换土法防治根结线虫仍不失为一项有效的防治措施。

一、换土法防治根结线虫的依据和方法

换土法防治蔬菜根结线虫的理论依据是根结线虫主要分布在 0~20cm 的土层中，以 5~10cm 表层土分布最多，随着土层的加深而逐渐减少的分布规律。主要方法是在前茬作物种植结束后，清洁棚室中的枯枝落叶，移除棚室内 0~20cm 的土壤，然后深翻下层土壤，深度为 20~25cm，每 666.7m² 土壤添加秸秆 3 000~4 000kg、施有机肥 10~15m³ 等措施培肥地力，或者回填没种植过蔬菜且无根结线虫的土壤，厚度 15cm 左右。

二、换土法处理对蔬菜根结线虫的控制效果

试验表明，换土法处理由于把地表含有大量根结线虫的土壤移走，根结线虫基数降低，2 月发生初期的相对防治效果为 100%；3 月随着温度的逐渐回升，植株开始出现症状；4 月以后随着温度的不断升高，根结率和根结指数不断增加。而未换土处理对照区，2 月已表现出为害症状，且随着定植时间的延长其根结率和根结指数不断增加，3 月的根结率和根结指数严重；在 4 月末，由于为害严重而清园。未换土处理区的为害高峰出现在 3 月，换土处理区的为害高峰期出现在 4 月，其清园时间在 6 月初，发病高峰期和清园时间较未换土处理区推迟了 30~40d。

三、酸化土壤改良

土壤酸化是土壤连作障碍的表现形式之一，且随着连作年限的延长，酸化强度加剧，根结线虫发生及为害加重，调控土壤 pH 值

是预防和控制蔬菜根结线虫的有效措施之一。

1. 引起土壤酸化的原因

土壤酸化是设施蔬菜栽培过程中普遍存在的问题，北方地区棚室蔬菜土壤的酸化程度低于南方地区。例如，江苏南部的蔬菜大棚，棚内土壤 pH 值常常在 5.5 以下，部分大棚土壤 pH 值低至 4.3，已极度酸化。再如，山东某些区域土壤 pH 值<5.5 的大棚占 30%，pH 值<6.0 的面积达 50%以上，而且，还有不少棚室土壤 pH 值<4.5。棚室土壤酸化引起的主要原因有以下几点。

（1）大棚蔬菜的高产量，从土壤中移走了过多的碱基元素，如钙、镁、钾等，导致了土壤中的钾和微量元素消耗过度，使土壤向酸化方向发展。

（2）大量酸性肥料的施用，棚内温湿度高，雨水淋溶作用少，随着栽培年限的增加耕层土壤酸根累积严重，导致了土壤的酸化。

（3）由于大棚复种指数高，肥料用量大，导致土壤有机质含量下降，缓冲能力降低，土壤酸化问题加重。

（4）高浓度氮、磷复合肥的投入比例过大，而钙、镁等微量元素投入相对不足，造成土壤养分失调，使土壤胶粒中的钙、镁等碱基元素很容易被氢离子置换。

（5）栽培环境的特殊性。在露地环境条件下，真菌、细菌等微生物经过冬冻夏晒，死亡率较高。在温室栽培条件下，栽培土壤位置相对固定，周年温度均能满足有害微生物生存和繁衍，使土壤中细菌和真菌数量大幅增加，另外，常年薄膜覆盖，没有自然降水的淋洗，加剧了土壤酸化的程度。

2. 蔬菜根结线虫的发生与土壤 pH 值的关系

在土壤 pH 值 5~9 范围内，随着 pH 值的降低即土壤酸度增加，根结线虫卵的孵化率提高，二龄幼虫密度增加，为害加重。说明根结线虫卵的孵化率、土壤中的虫口密度与土壤的 pH 值大小呈显著的负相关。

3. 棚室土壤酸化的治理措施

土壤酸化虽然是棚室蔬菜栽培过程中的普遍现象，但不是不可避免，通过科学施肥、灌水等措施，可以减轻或避免其发生。

（1）增施有机肥料。科学地施入有机肥，不仅可增加大棚土壤有机质的含量，提高土壤对酸化的缓冲能力，使土壤 pH 值升高，而且，在大棚中有机肥分解利用率高，增加了土壤有效养分，改善土壤结构，增加寄主植物遭受根结线虫为害后的自然补偿能力。并能促进土壤有益微生物的繁衍。增施有机肥除了能改善土壤的酸化程度，有些有机肥料还具有直接抑制根结线虫的作用，例如使用鸡粪能够抑制根结线虫卵的孵化，施用茶树菇的菌渣能够减少南方根结线虫对番茄的侵染。

（2）改变施肥方式。蔬菜对氮、磷、钾的吸收比例一般为1：0.3：1.03，所以应提倡使用氮、磷、钾之比为两头高中间低的复合肥品种，特别注重钾的投入，以及微量元素投入，大力推广有机无机复合肥，使养分协调，抑制土壤的酸化倾向。尽量减少氮、磷、钾的比例相同的酸性复合肥以及含氯的化肥施用。

（3）施入生石灰。生石灰施入土壤，可中和酸性，提高土壤 pH 值，直接改变土壤的酸化状况，并且能为蔬菜补充大量的钙。施用方法为，将生石灰粉碎，过 100 目筛，于播种前将生石灰和有机肥分别撒施于田间，然后通过耕耙，使生石灰和有机肥与 15cm 土壤层尽可能混匀。施用量依据土壤 pH 值确定，当土壤 pH 值为 $5.0 \sim 5.4$ 时，生石灰用量为 $130kg/666.7m^2$；当土壤 pH 值为 $5.5 \sim 5.9$ 时，生石灰用量为 $65kg/666.7m^2$；pH 值为 $6.0 \sim 6.4$ 时，生石灰用量为 $30kg/666.7m^2$。

第五节 休闲与休耕

休闲是一种简单、经济和有效的方法。在一年或一个生长季节，不种植根结线虫的寄主植物，可以大大降低根结线虫在土壤中的群体数量，其原理实际上也是线虫因无适宜的寄主而死亡。休闲有两种情况：一种是洁净休闲，通过农业措施使休闲地内无任何植物，这种方法特别适宜于两茬作物间隙期较短的作物，在这一情况下，线虫无食物，其存活时间主要取决于温度和湿度；另一种情况是休闲地用除草剂杀死杂草，这种情况下，线虫虫口减低较慢，效果比不上第一种情况。

休耕，由于多数植物线虫寄生的种类在表层土壤中存活一般不过 12~18 个月，在一个生长季节，不种植寄主植物，可以降低线虫在土壤的群体数量，但休耕会使土壤遭受风蚀水蚀，而且保持土壤中无杂草生长的花费较多、难度也大。

休闲地灌溉或湿度较高时，往往可以达到较好的控制线虫效果，休闲措施防治线虫的主要问题是，有时会影响土壤有机质、土壤结构、土壤生物群落，甚至会引起水土流失等问题。在我国可用耕地较少的地区，此法也缺乏实用性。

第六节　田间卫生

清除田间杂草和病株残体是消灭病原线虫侵染来源和减轻病害发生的重要环节之一。许多植物寄生线虫都潜藏在遗留田间的叶、球茎、鳞茎、块茎和根上，如果适时收集晒干、烧毁或适当处理，就可以减少第一次侵染源。如在甘薯的收获、入窖、出窖和加工过程中，将病薯、病蔓集中晒干、烧毁或者深埋，可以减轻甘薯茎线虫的为害，农事操作时及时拔出田间杂草，可以减少线虫数量，达到减轻病害目的。如及时砍伐病死松树，并将其从松材线虫病疫区运出，集中烧毁或熏蒸处理，是减缓松材线虫病发生的一项有效措施。拔除病株作物收获之后，及时清除田间带病残株，连根挖出、深埋、焚烧或在阳光和风的作用下，切断线虫的食物源及消灭虫卵来源。

选用洁净材料和工具，为害蔬菜的 4 种根结线虫均能由蔬菜种苗和有机肥传播。因此，在防治蔬菜根结线虫时，首先要保证栽种的蔬菜种苗和使用的有机肥的健康和洁净，若带有根结线虫的种苗和有机肥定植和施入，会快速引起根结线虫的蔓延。购买的有机肥如不能排除含有根结线虫时，可通过 50~55℃ 或更高的温度处理，杀灭根结线虫，降低根结线虫基数，推迟发生高峰期，减轻为害。

在田间操作的过程中，当农机具在含有蔬菜根结线虫的地块使用后，若不能及时清除农具上残留的土壤，当这些农具在没有根结线虫发生的田块作业时，便成为根结线虫的传播者，这也是棚室间相互传播根结线虫的主要途径之一。因此，在棚室耕作时，使用农机具前应清理干净其上残留的土壤等杂物，同时用高于 60℃ 热水进行处理，尽量保证农机具的清洁，避免将带有根结线虫的土壤带入未发生的棚室，而引起根结线虫的扩散。

第七节　种植方式和时间

这种措施的原理是避病。有些线虫，如根结线虫绝大多数分布于 10~20cm 的土层中，深种或深施肥可把根系引至线虫密度较低的深层生长，从而减轻线虫的为害。华南农业大学采用这种方法，防治桑和幼年茶树的根结线虫病都收到明显的效果。

植物的种植期对线虫的最后种群密度有很大关系。国外已经根据不同作物种植期，建立了线虫活力阈值关系的模型，用于小麦及其他禾谷类作物的线虫防治实践。通过选择作物种植时间来防治线虫的方法，实质就是利用线虫与寄主植物对环境条件要求的差异，调节种植期，使作物的敏感生育期避过线虫的侵染活动期。甜菜可在较低的土温（低于 15℃）下生长，而甜菜胞囊线虫则需较高的土温（高于 15℃）才开始活动，因此，提早种植甜菜，使甜菜的根生长比较粗大时，线虫才开始活动，这样便可减轻线虫的为害。

充分调整蔬菜作物播种期有效控制根结线虫为害。种植设施蔬菜，主要是通过调节时间差，赚取季节差价，只有科学合理地安排播种期，才能实现增收的目的。但在根结线虫发生严重的棚室，调整蔬菜作物的播种期时一定要充分考虑，使作物产量形成的关键时期避开根结线虫发生的高峰期。如早春种植厚皮甜瓜、礼品西瓜，随着播种期的推迟，根结线虫发生高峰期与瓜的膨大期吻合，或在瓜膨大以前达到发生高峰，瓜根系受害后，吸收养分受阻，瓜的含糖量下降，受害加重，种植效益降低。研究表明，在根结线虫发生严重的棚室，若种植厚皮甜瓜或礼品西瓜，应调整播期，保证根结线虫发生高峰期（4月中下旬以后）来临之前必须要采收完毕，苦瓜膨大期与根结线虫发生的高峰期相遇，厚皮甜瓜、礼品西瓜就不能正常成熟，失去商品价值，造成绝收。

第八节　水肥土壤管理

通过灌溉降低土壤中的含氧量使其窒息而死或土壤水淹后产生丁酸、丙酸及硫化氢等杀线虫化合物，同时土壤通气不良和受潮后易使线虫发生细菌和真菌性病害，都有杀线虫作用。根结线虫主动迁移速度很慢，每年主动迁移距离 1m 左右，棚室灌水是加速根结线虫扩散的重要因素。根据试验观察，根结线虫在日光温室滴灌处理区，南北向迁移距离为 1.12m；高畦深沟定植蔬菜，在沟内灌水，根结线虫南北向迁移距离为 2.53m；大水漫灌处理，根结线虫南北向迁移距离为 6.82m。因此，在有根结线虫发生的棚室应采取滴灌技术，避免大水漫灌。若无条件进行滴灌，应采取高畦深沟方式定植蔬菜，在深沟内浇水，减缓根结线虫在棚室内的扩散。

施用肥料可以改变植物根际的化学物质组成，干扰根分泌物对线虫的吸引。对水稻潜根线虫的防治实验表明，早稻插秧前 10d 施用石灰氮 150kg/hm^2，初期线虫数量下降 39%，水稻产量增加 3.05%。日晒土壤，使线虫暴露于空气和太阳下，可导致部分线虫死亡。栽植烟草前，大田土壤处于风干状态，翻耕后晒土 7d，反复两次，便对烟草根结线虫有很好的控制作用。土壤中添加有机物控制根结线虫，有机物是土壤中最重要的成分之一，土壤的物理化学和生物学特性都和有机物有关，土壤中添加有机物可有效减轻线虫病害。无土栽培也是有效控制线虫的防治措施，棚室无土栽培不仅杜绝了虫源，同时又可减少土传病害的发生。深翻土壤，采用多次深翻暴晒土壤的方法，在一定条件下可以收到不同程度的防治效果。在气温较高的地区，夏季在烈日下土表温度很高，例如，海南夏季土表最高温度可达 55℃以上，大部分时间温度可达 50℃左右。如碰上天气连续晴朗，翻晒土壤可收到明显的防治效果，华南农业大学的专家曾用此方法，在海南防治茶树线虫病，取得良好效果。但这种方法受天气影响很大，翻晒期间如碰上阴雨天，效果就不明显，因此只能作为一种辅助的防治措施。

有机质（如作物残体和动物粪便）混入土壤后，土壤营养状况和物理特征改善植物的生长，提高了植株的抗根结线虫活性。有机质的表面积大，增加土壤的离子交换能力、对营养的保持能力和向植物供给营养的能力。有机质还能与一些金属离子，如铁、铜、锰和锌等植物必需的微量元素形成复合体，这些金属离子即使以螯合形式存在也很易被植物吸收利用。土壤生态环境的调控措施对根结线虫种群密度具有明显的控制作用。有机质通过促进与线虫竞争或对线虫造成破坏作用的微生物生长来对根结线虫进行控制。在有机质的降解过程中，某些微生物群体能够增加和产生破坏线虫或线虫卵的酶或毒素。土壤酶系主要以几丁质酶和蛋白酶能够破坏线虫卵壳和线虫角质层。有机质在土壤中降解的过程中，还会产生许多对线虫有毒害作用的化学物质，如氨、亚硝酸盐、硫化氢以及许多具挥发性的物质和有机酸类化合物等，直接具有杀线虫活性。这些物质能影响线虫卵的孵化和幼虫的运动。

第九节　种植诱集作物

种植诱捕植物引诱病原线虫侵染，保护人类需要的植物生长和发育。传统的办法有两种。一是种植主要作物之前先种植诱捕作物，在线虫大量侵入并尚未完成生活史时将作物完全清除，如豇豆可以引诱根结线虫孵化，幼虫侵入根内，还可发育成熟，在线虫成熟之前清除作物可达到防治效果。二是利用有些植物可以诱使线虫的卵孵化，线虫出来后却因找不到合适寄主而死亡；有的植物不仅诱使线虫的卵孵化，而且可诱使其侵入体内，但线虫不能完成生活史；有些作物根的分泌物有杀线虫作用等。例如，猪屎豆对根结线虫是诱捕植物，芝麻可以明显减少南方根结线虫的数量，万寿菊和孔雀草可降低根腐线虫、针线虫、矮化线虫的群体数量。

依据根结线虫对寄主的选择性原理，利用日光温室前后两茬较长空闲时间，种植速生小青菜等叶菜，诱集根结线虫集中为害，根部形成大量根结后，采收时尽可能将病根全部挖出，集中销毁，以减少土壤中根结线虫的数量。另外，种植诱集作物也是轮作的一种方式，改善了后茬作物生长的土壤环境，吸收土壤中富集的多余元素，使土壤中的养分更趋平衡，减轻日光温室连作障碍的产生，具有一定的增产作用。如在轻度、中度、重度发病的棚室种植小青菜，后茬种植黄瓜，根结线虫较对照发生程度分别减轻37.5%、14.3%、7.1%，增加农业种植户的产业收入。

第十节　选用洁净材料和工具

为害蔬菜的4种根结线虫均能由蔬菜种苗和有机肥传播。因此，在防治蔬菜根结线虫时，首先要保证栽种的蔬菜种苗和使用的有机肥的健康和洁净，若带有根结线虫的种苗和有机肥定植和施入，会快速引起根结线虫的蔓延。购买的有机肥如不能排除含有根结线虫时，可通过 50~55℃ 或更高的温度处理，杀灭根结线虫，降低根结线虫基数，推迟发生高峰期，减轻为害。

在田间操作的过程中，当农机具在含有蔬菜根结线虫的地块使用后，若不能及时清除农具上残留的土壤，当这些农具在没有根结线虫发生的田块作业时，便成为根结线虫的传播者，这也是棚室间相互传播根结线虫的主要途径之一。因此，在棚室耕作时，使用农机具前应清理干净其上残留的土壤等杂物，同时用高于 60℃ 的热水进行处理，尽量保证农机具的清洁，避免将带有根结线虫的土壤带入未发生根结线虫病害的棚室，而引起根结线虫的扩散。

第七章　根结线虫病害的
抗性品种防治

　　应用抗线虫品种种植是控制植物寄生线虫病害最经济有效的重要方法，特别是对于那些寄生专化性较强的线虫，应用抗线虫病品种效果明显，利用抗性品种可以使种植者在不增加或少增加生产费用的情况下，达到防病增产的目的。它可以抑制线虫的繁殖，减少农药的用量，缩短轮作时间，并且可以抑制与线虫有关的复合侵染，这一措施对防治低价作物的线虫病害具有特别的意义。在植物线虫学中，抗性是一个连续变化的过程，通常是被用来描述寄主——线虫相互关系中，线虫的繁殖以及寄主所受伤害的一个相对名词，其抗性程度可以用高度抗病、中抗和感病表示，高度抗病是指线虫极少在该品种上繁殖；而中度抗病指线虫在该品种上中等繁殖；感病则指线虫可以在该品种上自由繁殖。如果一个品种在受到线虫侵染后，仍能获取与无线虫侵染时几乎同样的产量，则称该品种为耐病，不耐病的品种可以遭受十分严重的伤害，以至于植物无法生长。因为线虫是专性寄生物，那么如果线虫取食场所缺乏，不耐病植物也可能大大抑制线虫的繁殖。耐病和抗病可以是某个寄主的两个不同特性。

　　目前，虽然所种植的各类作物中还未发现对线虫完全免疫的品种，但其抗病性都有显著性差异，例如，选栽抗病性强的作物，不仅能减轻线虫的侵染程度，同时也可逐渐降低线虫的密度。尤其那些专化性较强的线虫，应用抗病品种效果明显，采用抗水稻干尖线虫的品种栽种，水稻发病率降至 7%，面种植感病品种时，发病率可达 17%。培育抗病品种在大豆胞囊线虫病的防治上已经取得成功，美国利用普通杂交技术培育出 100 多个抗大豆胞囊线虫的品种，中国培育出抗线一号等系列抗线虫品种，日本培育出的抗大豆胞囊线虫大豆品种"铃姬""丰伶"等，这些品种在生产上推广应用对大豆胞囊线虫病防治发挥了巨大作用。大豆抗胞囊线虫的抗原多来自野生或半野生种属，目前世界大豆胞囊线虫的抗原均来自小黑豆，而且大多数都是中国的小黑豆。早期美国应用北京小黑豆，已育成几批抗病品种，在生产上大面积推广。经过我国全国大豆胞囊线虫抗性鉴定协作组的鉴定，中国小黑豆抗原十分丰富，黑龙江、辽宁、山东，安徽等省已育成抗病品种并在生产上广泛应用。

马铃薯胞囊线虫的抗原多来自南美安第斯山区的马铃薯野生或半野生的种，早期发现 *Solamum vernei* 和 *S. andigena*，实际上后者应定名为亚种 *S. tuberosum* subsp. *andigena*，容易与 *S. tuberosum* 杂交，有人报道含有一个显性 *H-1* 基因。后来发现其他的抗原，如 *Solanum kurtziamum*、*S. multidissectum*、*S. sanctaerosae*、*S. famatinae*。应用这些抗原已成功地育成栽培的品种。在烟草根结线虫的防治中，我国从美国引进的 NC89、K324 品种是抗南方根结线虫 1 号生理小种的。

在番茄抗病育种中，发现一个显性 *Mi* 基因，来自番茄，*Mi* 基因抗南方根结线虫、爪哇根结线虫、花生根结线虫，但不抗北方根结线虫。在温室内长期种植含这个基因的品种，容易对线虫群体产生选择作用。起绒草茎线虫是牧草上的重要病原线虫，已发现苜蓿品种 *Lahontan* 在美国和欧洲是高抗品种，其抗原来自中亚的 *Turkestan*。

目前有抗大豆胞囊线虫的大豆品种，抗马铃薯胞囊线虫的马铃薯品种，抗茎线虫的三叶草、苜蓿、燕麦等作物品种，抗根结线虫的棉花、豇豆、葡萄、胡枝子、利马豆、桃、大豆、甘薯、番茄和烟草等作物的品种，许多抗线虫作物品种都已成为商品品种被推广种植。

第一节　培育抗线虫品种时采取的步骤

一、靶标线虫种和生理小种的确定

在制定抗线虫育种规划时，首先是要确定目标作物品种的靶标线虫种或生理小种，因为线虫的不同小种或种具有不同的鉴别力，制定抗线虫育种规划时首先要尽可能查明靶标线虫种或生理小种。因此，要对某一作物线虫种或生理小种进行调查和准确鉴定，这往往是育种工作成败的关、靶标线虫种或生理小种，一般应是广泛分布并构成对作物的严重威胁的种或生理小种，线虫生理小种鉴定通常利用鉴别寄主，不同小种在同种植物或同一套鉴别寄主上，可以产生不同症状。

二、培养线虫接种体

要有足够数量的线虫接种体，用感染寄主大量繁殖目标线虫，形成一定群体，形成大量的接种体。二龄幼虫是大多数固着性内寄生线虫的侵染阶段，但由于通常较难获得大量的二龄侵染幼虫，卵通常也被用来作接种体，特别是根结线虫、孢囊线虫、球孢囊线虫的种类，肾状线虫的蠕虫状雌虫是侵染阶段，其卵通常不被用作接种体，原因是卵孵化和侵染性雌虫的发育间存在一个较大的时间差。大多数移动性内寄生线虫，如短体线虫、茎线虫，在植物组织内产生单个卵粒，但外寄生线虫如刺线虫和小环线虫，则把卵产于土壤中，因此，用卵接种不是一个可行的选择，而幼虫或成虫却应成为这些种的接种体。在进行筛选试验时，接种量必须最佳，以便区别寄主基因型的不同。接种量太低，将不足使植物明显发病。接种量太高，则引起某些植物伤害太大，淘汰了一些潜在的有用遗传材料。

三、抗原的筛选

广泛收集抗原材料，最好可以获得纯系，筛选优良的抗原，制定抗线虫的植物育种规划，对植物的不同品种或亲缘关系密切种要深入研究，然后通过抗性测定，以便获得优良的抗原材料。寻找和筛选抗原是抗线虫育种的关键，在寻找抗原时可考虑包括：现有的适用商品化品种，优质育种纯系或种质；栽培品种的引种材料（PI）；杂交品种的父本；种间杂交体；转基因抗性品种。一般通过利用抗性商业品种作父本进行育种所获得品种改良的进展，远比通过原始而又难于接受的抗原方法快得多，但如果在商业品种或育种纯系中没有可利用的抗性，那么最好的抗原是引种材料。抗胞囊线虫大豆品种的开发，可以说明种质库 PI 的利用。研究者用 PI88788 为抗原开发了"Bedford"。也有研究者则用 PI437654 开发了可以抗大豆胞囊线虫小种 3、小种 4 和小种 5。如果在栽培品种、育种纯系或引种材料中没有可用的抗性，那么亲缘较近或稍远的种也可用来评估。野生种已经被用以开发马铃薯、烟草、番茄的抗线虫品种。在利用野生种时，许多不好的性状也随着抗性被引入，不能接受的性状，必须通过额外的育种努力来消除。

四、适合的接种和栽植环境

一般要利用实验室或温室条件，根据不同线虫和植物种类，选择有利于侵染和发病的环境条件（包括温、湿度和土壤条件等），田间的初步试验，要采用随机的和统计学方法设计小区试验。

五、确定植物抗性鉴定分级指标

为了评定抗性，需要设计正确的分级指标，以便将植物抗性划分为免疫、耐病、抗病或感病。为了获得优质的抗原，必须在试验的基础上，全面应用寄主植物抗感病分级标准，要规定标准的抗病和感病基因型的内涵，使得试验结果由于环境的受化而产生的变异标准化。寄主植物抗感病程度主要是通过测定比较线虫繁殖或症状指标来实现的（表7-1）。

表7-1 根结线虫和胞囊线虫侵染为害等级

级别	根系的根结百分率	胞囊数量（株）
0	无	0
1	很少	1~5
2	<25%	6~10
3	25%~50%	11~20
4	50%~75%	21~40
5	>75%	>40

六、抗病育种工作

通过抗线虫病杂交育种程序，将具有潜在利用价值的植物材料进行杂交和回交，直到获得理想的、适合在生产上推广使用的抗线虫优质品种。

七、抗病品种试验和示范

新品种推广前要进行区域性试验和示范种植，根据在不同地点的抗性表现，评价环境条件对抗病性的影响。

一个抗性线虫品种长时间在同一地点种植，可能会引起侵染抗性线虫新小种的出现，由于新的线虫小种在种群数量上的不断积累，抗性品种将会丧失抗性。因此，抗病品种的种植也要有合理的种植计划，保持抗病品种在时间和空间上不具有连续性，防止发生对线虫群体的定向选择作用，避免抗性品种的抗性过早丧失。如果找不到一个对当地主要线虫种有抗性的品种，常常可以培育一个对线虫有耐性的品种，可以种植在感病线虫品种只有少量收成的地块，获得一个较好的收成。

第二节　抗线虫病的植物种类

最近 20 多年来，已在多种作物上育成抗线虫品种，包括抗大豆胞囊线虫的大豆品种，抗马铃薯胞囊线虫的马铃薯品种，抗根结线虫的棉花、番茄品种等，国内已成功育成抗胞囊线虫大豆品种，例如，大豆抗线虫病 1 号品种、抗线虫病 2 号品种等。此外，许多抗线虫的品种，已在我国大面积推广应用。一些作物可以同时抵抗多种线虫，表 7-2 列出了一些被广泛推广种植的抗线虫商业品种及其所抵抗的线虫种类。

表 7-2　抗线虫植物及其抵抗的线虫种类

植物（作物）种类	抵抗的线虫种类
大豆	大豆胞囊线虫，南方根结线虫，花生根结线虫，爪哇根结线虫，肾形线虫
苜蓿	南方根结线虫，起绒草茎线虫，穿刺根腐线虫
三叶草（红、白）	南方根结线虫
谷类作物（小麦、大麦和燕麦）	起绒草茎线虫，禾谷胞囊线虫
烟草	球胞囊线虫，南方根结线虫，爪哇根结线虫，花生根结线虫
马铃薯	马铃薯白线虫，马铃薯金线虫，奇氏根结线虫
蚕豆	南方根结线虫，爪哇根结线虫，斯克里布纳根腐线虫
豇豆	南方根结线虫
甘薯	南方根结线虫，爪哇根结线虫，花生根结线虫
番茄	南方根结线虫，爪哇根结线虫，北方根结线虫，花生根结线虫
杏	根结线虫
柑橘	柑橘半穿刺线虫，柑橘穿孔线虫
葡萄	根结线虫
胡桃	根结线虫

第三节　抗性基因研究

使用抗病或耐病作物品种是一种高效、经济和无公害的防治措施，特别是对于那些寄生专化性较强的线虫，应用抗病品种效果明显，目前是最经济的防治植物寄生性线虫的方法，大豆胞囊线虫是大豆的重要病害，有效控制的方法之一就是种植抗病品种。目前，已经获得抗大豆胞囊线虫的大豆品种，抗马铃薯胞囊线虫的马铃薯品种，抗根结线虫的多种作物品种，许多抗线虫作物品种已被广泛推广种植。烟草根结线虫的抗性品种 K326 能保持优势种群的稳定性，高效、高产，已在病区种植 90% 以上。抗性基因工程菌是防治线虫很有前景的行之有效的方法，它既有利于保护生态环境，也可进行大规模生产。Mi 是源自野生秘鲁番茄的显性基因，一般对南方根结线虫、爪哇根结线虫和花生根结线虫均表现出很强的抗性。目前在研究线虫寄主的抗性基因、感病基因方面尽管有了很大进展，然而在短时间内达到对多数线虫的治理还是难度很大的，需要线虫学家和植物育种专家的共同努力和密切配合。

第四节　抗根结线虫优良品种的选育

根结线虫是设施农业中重要的病原生物，对我国蔬菜行业造成巨大的损失。蔬菜品种抗性是蔬菜本身具有能够减轻病虫为害程度的一种可遗传的生物学特性，由于具备这种特性，抗性品种与敏感品种在栽培条件和根结线虫数量相同的情况下，抗性品种不受害或受害较轻。抗性品种能避免或减轻根结线虫为害损失，减少根结线虫种群数量，特别是连年种植，效果可以累积，更为稳定、显著。耐害性品种可以放宽经济阈值，减轻为害。近年来，与生产需求相比，存在着蔬菜抗根结线虫品种稀缺，甚至匮乏的问题。但国内外选育和利用抗根结线虫品种发展很快，已成为根结线虫"综合防治"的一个重要组成部分。种植抗性或耐害蔬菜品种已成为防治根结线虫的重要技术措施，具有预防根结线虫发生，减少农药使用，保护环境等作用。抗性品种选育属于病虫绿色防控技术范畴，易与其他防治措施相协调，且不需要增加防治成本。

一、抗根结线虫蔬菜品种选育途径

1. 鉴定根结线虫种和生理小种

蔬菜根结线虫不同种分化有不同生理小种，例如，南方根结线虫有 4 个生理小种，花生根结线虫有 2 个生理小种，爪哇根结线虫有 2 个酯酶谱带类型，北方根结线虫有 2 个细胞生物学小种。小种具有寄主专化性，而且不同小种对同一植物（作物、品种）的致害性也不同。因为根结线虫的不同种或小种有不同的致害性，不同地区生理小种组成不同，所以制订抵抗蔬菜根结线虫育种目标时，首先必须明确要防治的靶标根结线虫种类及其生理小种。

2. 确定蔬菜抗根结线虫的分级标准

不同蔬菜作物抗根结线虫评价标准不同。番茄抗根结线虫评价分级标准是依据番茄有根结根数占总根数的比例，即 0、1%~5%、6%~25%、26%~50%、51%~80%、>81%，将番茄抗根结线虫等级分成免疫、高抗、抗、感、较感和高感等 6 级。

瓜类种质对根结线虫的抗性评价分级标准是依据苗期根结指数（DG）分为 6 级：免疫，DG = 0；高抗（HR），0 < DG < 1；抗（R），$1<DG<2$；中抗（MR），$2<DG<3$；感（S），$3<DG<4$；高感（HS），$4<DG<5$。

3. 创造有利于根结线虫发生的环境条件

为了使根结线虫对蔬菜植物的侵染能力能充分表达，必须创造有利于根结线虫发生的环境条件，利用实验或温室条件，将土壤温度控制在 25℃±2℃，土壤持水量控制在 40%左右，试验地土壤 pH 值 7~8，土质为沙土。

4. 获取优良的抗原

获取根结线虫抗原基因的途径主要有两条：一是从基因组库中筛选，二是根据已掌握的抗原和抗原基因信息利用分子生物学技术及生物信息学方法人工合成候选抗原。

5. 确定育种方法

（1）杂交育种。包括有性杂交和无性杂交两种类型，有性杂交是通过品种间杂交、种间杂交和远缘杂交，使其发生基因重组，形成新的品种。在有性杂交过程中，一般选择一个亲本是抗根结线虫的，也可以选择两个亲本都是抗根结线虫的，使得形成的新品种有良好的抗性。无性杂交多通过细胞融合等生物技术来实现。引种，对引进的外地抗根结线虫的蔬菜品种进行筛选。此方法既简便易行，又能在短期内得到适合本地栽种的抗根结线虫的蔬菜优良品种。

（2）系统选育。在根结线虫自然发生比较严重的季节里，从自然变异的群体中有目的地选择抗性强的单株，经过多代严格的抗线虫鉴定后，就能培育出新的抗根结线虫的品种，且其抗性都非常稳定，是目前抗线虫育种工作中应用比较普遍的一种方法。组织培养和遗传工程育种，组织培养技术，就是利用分生组织及克隆技术繁殖抗性基因植物，对于不易通过种子繁殖的蔬菜作物更有效。

6. 抗根结线虫品种试验与示范

育成的抗根结线虫品种进行区域试验与示范种植，根据不同区域的抗性和丰产性表现，分析环境条件对抗性和丰产性表现的效应，确定推广区域，为大面积推广应用提供依据。

二、蔬菜抗根结线虫品种抗性稳定性

品种抗性稳定性是衡量一个品种的重要指标之一，不同蔬菜种类品种抗性稳定性不同。从抗性品种遗传稳定性表现看，番茄抗性和免疫的品种，无性繁殖体抗病性表现很稳定，芽扦插 3 个茬次，受害株率、根结率和受害程度均没有变化，抗线虫性表现很稳定，且作物生长稳健，株高、果实数量、形状等农艺性状与一代相比均没有发生显著变化。通过扦插繁殖，既能保持品种的抗性，延长品种的使用寿命，同时又能降低生产成本，具有重要推广意义。而有性繁殖，随着繁殖世代的增加，受害株率、根结率和受害程度均依次提高。例如，辣椒抗性和免疫品种有性繁殖中抗性表现很稳定。在生产中能进行无性繁殖的蔬菜品种，可以采用扦插等无性繁殖方法，保持抗线虫品种的抗性，降低生产成本，提高种植效益。

三、利用抗性砧木嫁接防治根结线虫

嫁接栽培技术是防治蔬菜根结线虫经济而有效的方法。目前已筛选出适合茄果类蔬菜嫁接栽培，且对根结线虫具有免疫作用的砧木品种，并已在番茄、茄子、甜椒等茄果类蔬菜生产中广泛应用。葫芦科蔬菜只筛选出对根结线虫具有抗性作用的嫁接栽培的砧木品种，未发现有免疫的砧木品种，使用嫁接栽培防治还不能从根本上解决葫芦科蔬菜根结线虫的为害问题，必须结合其他防治措施。

1. 茄科蔬菜嫁接

在番茄抗根结线虫的育种中，Mi 基因是目前唯一被鉴定和利用的抗性基因，对除北方根结线虫外的其他 3 种根结线虫具有优异的抗性。迄今为止，已在番茄近缘野生种中发现 9 个抗根结线虫基因，即 $Mi-1$、$Mi-2$、$Mi-3$、$Mi-4$、$Mi-5$、$Mi-6$、$Mi-7$、$Mi-8$ 和 $Mi-9$，其中 $Mi-1$、$Mi-7$ 和 $Mi-8$ 表现为温度敏感性，即当土壤温度超过 28℃ 时，其对根结线虫的抗性丧失；$Mi-2$、$Mi-4$、$Mi-5$、$Mi-6$ 表现为非温度敏感性，当土壤温度超过 32℃ 时，其仍具有对根结线虫的抗性。在辣椒属中存在多个抗性基因，共发现了 $Me1$、$Me2$、$Me3$、$Me4$、$Me5$ 等 5 个抗性显性基因，其中 $Me1$、$Me3$ 抗虫谱广，利用价值大。

（1）砧木的选择。良好的砧木应具备与接穗较高的亲和力和良好的共生亲和力，具有较强的抗（耐）病虫、耐寒、耐热、耐湿等适应性。不同的砧木的抗逆性、丰产性差异较大。选择砧木合适与否是决定嫁接成活率与防治效果的基础与前提。目前生产上应用比较广泛的砧木有以下几种。①托鲁巴姆。托鲁巴姆来源于日本，是一种高抗根结线虫的野生茄子品种，该品种含有 *Mi* 基因，对根结线虫具有优异的抗性，对蔬菜黄萎病、枯萎病、青枯病等土传病害达到高抗或免疫程度，被国内外专家称为"四抗"砧木品种。植株生长势强，节间较长，茎及叶上有少量刺。种子极小，千粒重约 1g，具有极强的休眠性，发芽困难，育苗时需要使用植物生长调节剂或变温处理。托鲁巴姆对番茄亲和力高，嫁接成活率在 95% 以上。利用托鲁巴姆作砧木，与优质丰产但不抗根结线虫的番茄品种作接穗进行嫁接，从而达到防治根结线虫的目的。托鲁巴姆是番茄、茄子、甜椒嫁接防治根结线虫的最好砧木。②CRP。CRP抗性与托鲁巴姆相当，植株长势强，根系发达，但茎叶上密生长刺，嫁接时不易操作。种子千粒重约 2g，黑红色，比托鲁巴姆易发芽，浸泡 24h 后约 10d 可全部发芽。幼苗出土后，初期生长慢，长 2~3 片真叶后生长发育速度快，苗期如遇高温多湿易徒长，需控水蹲苗，使其粗壮。苗期不发生猝倒病，而易发生立枯病。较耐低温，适合作秋季温室嫁接砧木，是茄子、甜椒嫁接防治根结线虫时优先选用的砧木。③托托斯加。托托斯加茄子嫁接砧木是从美国引进的品种，生长势强健，易发芽，易亲和，成活率高。嫁接后的茄子除对根结线虫具有免疫力外，对黄萎病、枯萎病、青枯病等土传病害表现为高抗。结果期延长 1 个月左右，产量提高 2 倍左右，对茄子品质无不良影响，是替代托鲁巴姆的首选砧木品种。④无刺常青树。茄子砧木，植株无刺，便于嫁接操作，对茄子的根结线虫、枯萎病、黄萎病、青枯病、叶枯病等多种土传病害达到高抗或免疫水平。⑤超托鲁巴姆。该品种从日本进口，在托鲁巴姆原有的抗病基础上提高了抗寒能力，使之成为更优良的茄砧精品。嫁接栽培高抗根结线虫、青枯病、黄萎病、立枯病、褐纹病、斑枯病、绵疫病等各种土传病害，产量可提高 50% 左右，畸形果少。⑥托克斯。我国苗木种苗公司开发的番茄嫁接专用砧木品种。嫁接苗除对蔬菜根结线虫具有抗性外，对蔬菜枯萎病、青枯病、根腐病等土传病害有较高的抗性。种子有较强的休眠性，一般需要用 100～200mg/kg 浓度赤霉素药液进行处理，人为打破休眠。作砧木时比接穗提早播种 30～35d，是番茄嫁接防治根结线虫的理想砧木。

（2）确定合理的播种期。为了使砧木和接穗的最适嫁接期协调一致，应从播种期上进行调整。播种期的确定与所采用的嫁接方法有密切的关系，番茄常用的嫁接方法有劈接和靠接，这两种方法对砧木和接穗的大小、粗细的要求基本一致。播种期的确定主要取决于砧木生长的快慢，砧木一般比接穗发芽及出苗初期生长发育慢，所以要较接穗提前播种。托鲁巴姆较接穗提前播种 30～35d，CRP 提前 25～30d，托托斯加提前 25～30d，托克斯提前 30～35d。

（3）种子处理。选用不同砧木，种子处理方法有差异。如选用托鲁巴姆和托克斯，种子休眠极强，不易发芽，通过催芽，人工打破休眠，即将种子先用 55℃ 温水浸泡 30min，再用 100～200mg/kg 浓度的赤霉素液浸泡 24h。捞出后装入透气的小袋内，在 25～30℃ 条件下催芽，一般 4～5d 可出芽。CRP 和托托斯加种子先用 55℃ 温水浸泡 15min，再用 20～30℃ 水浸泡 24h，取出后用清水洗净，变温催芽，待 90% 露白再行播种。托托斯加先用 55℃ 温水处理 15～20min，然后在 15～20℃ 条件下催芽 16h 或 30℃ 左右条件下催芽 8h，8～10d 基本出芽。

（4）嫁接方法。①靠接法。当幼苗具有 4～5 叶时为嫁接适期。嫁接时砧木保留一片真叶，在第一与第二真叶之间用刀片切断，然后在子叶节与第一真叶之间由上向下呈 30°～45° 削一长 0.7～1.0cm 的切口，切口的横向深度不能超过茎粗的一半。在接穗的第一真叶与子叶之间由下而上削一切口，与砧木保持一样的角度，长度 0.7～1.0cm，切口要求光滑平整，切口的横向深度不能超过茎粗的 2/3，否则，幼苗容易断，也不易固定。将砧木与接穗结合在一起，用嫁接夹固定好，栽入营养钵中。一般嫁接 12～13d 后，选择晴天下午切断接穗茎秆（根）。断根后若有萎蔫现象，可临时遮阳 1d。靠接法虽然操作比较繁琐，但成活率较高，使用较为广泛。②劈接法。在砧木第二片和第三片真叶之间用刀片横切一刀，砧木苗下部留两片真叶，然后在茎的横断面的中间向下劈切一长 0.6~0.8cm 的接口。接穗苗上面留两叶一心，将接穗苗的茎在紧邻第三片真叶处横切掉，接穗茎下端两面各削一刀将苗茎削成一个楔形，厚度约 0.3cm，削面长 0.6~0.8cm，尽量与砧木的接口大小接近。将削好的接穗苗接口与砧木苗的接口对准形成层，插入砧木切口内，使接穗与砧木表面充分贴合，接穗苗尽量插到砧木接口的底部不留空隙，避免产生不定根。对好接口后，用嫁接夹夹住嫁接部位，然后将嫁接苗放人已经准备好的小拱棚内，再喷 50% 多菌灵可湿性粉剂 800 倍药液预防苗期病害的发生。③贴接法。在砧木第二片和第三片真叶之间用刀片斜切一刀，砧木苗下部留两片真叶，削成呈 30° 的斜面，切口斜面长 0.6~0.8cm。接穗苗上面留两叶一心，将接穗苗的茎在紧邻第三片真叶处用刀片斜切成 30° 的一个斜面，斜面的长度为 0.6~0.8cm，尽量与砧木的接口大小接近。将削好的接穗苗切口与砧木苗的切口对准形成层，贴合在一起，对好接口后，用嫁接夹夹住接口部位，以后步骤按照劈接法进行。④插接法。插接法要求接穗幼苗比砧木略小。当砧木具有 3~4 片真叶、接穗具有 2 片真叶时为嫁接适期。具体又分为顶插法和斜插法两种。顶插法是用刀片将砧木的顶端去除，保留一片真叶，然后用自制的竹签稍斜插入茎顶部，深度 0.7~1.0cm，接穗保留一叶一心或两叶一心，插入部位削成单楔面或双楔面（与竹签形状相同），端部稍窄，渐细的部位长度与砧木插口的深度一致，削好后，取出插入砧木的竹签，迅速将接穗插入砧木插孔中，使二者紧密结合。斜插法是用刀片切去砧木生长点，竹签斜插入第三叶腋处，取出竹签后，将削好的接穗插入砧木插孔中。插接法操作简单，不用嫁接夹，可减少投入，但嫁接后的管理要求严格。⑤针接法。针接法适用于茎粗在 0.3cm 以下的小苗。砧木与接穗茎粗基本一致。砧木播期的操作参照劈接法步骤。针的粗度一般为 0.05cm，长 1.0～1.5cm，断面为正方形或六角形，可以用钢针或自制的竹针。嫁接适期为接穗两叶一心，砧木 2～3 片真叶。嫁接时，砧木和接穗在子叶与第一片真叶之间或第一与第二真叶之间断茎，用刀片水平或呈 45°角切，尽可能使砧木与接穗茎的切断面角度一致。将针插入砧木中，深度为 0.7～0.8cm，再将接穗插在剩余的、裸露的针上，尽量使砧木与接穗接触更紧密，增加接触面。此法简单易行，效率高，但成活率不高，一般为 60%～70%。⑥套管法。番茄常用的嫁接方法之一，是采用专用嫁接固定塑料套管将砧木与接穗连接、固定在一起。适用于较小的幼苗，且砧木和接穗的幼苗茎粗度一致。当接穗和砧木有 2～3 片真叶、株高 5cm、茎粗 0.2cm 左右时为嫁接适期。嫁接时，在砧木和接穗的子叶上方约 0.6cm 处呈 30°角斜切一刀，将套管的一半套在砧木上，斜面与砧木切口的斜面方向一致，再将接穗插入套管中，使其切口与砧木切口紧密结合。套管法嫁接速度快、效率高、操作简便，能提高嫁接成活率。⑦气门芯法。嫁接时，砧木苗龄 5～6 片真叶期，接穗 4～5 叶期，茎粗 0.2cm 左右为嫁接适期。用刀片将砧木在第一片真叶上部 1cm 处 30°角向下斜切去头，接穗第一片真叶以下 1cm 处 30°角向上斜切，去掉下端，穗保留 2～3 片真叶；截取气门芯橡胶管长 1.0～1.2cm，先将砧木的斜面一头插入气门芯橡胶管至中部，然后将接穗套进气门芯橡胶管的另一头，最后使两个斜切面吻合。此嫁接法是一种易操作、简单、成活率高的辣椒嫁接方法。

（5）嫁接方法选择。①根据接穗的大小选择嫁接方法。一般来讲，大苗由于苗茎比较粗硬，易于劈裂，应选择劈接法、靠接法等进行嫁接。用小苗嫁接时可选择插接法。②根据嫁接育苗的目的选择嫁接方法。如果以防病为主要目的，应选择防病比较好的劈接法、插接法等进行嫁接。如果防病并不是主要目的，可根据其他情况选择适宜的嫁接方法。③根据嫁接育苗技术水平选择嫁接方法。如果菜农嫁接育苗经验丰富，技术水平比较高，应优先选择防病比较好的劈接法、插接法进行嫁接。如果以前没有进行过嫁接育苗，最好选择嫁接苗成活率比较高的靠接法。④根据育苗季节选择嫁接方法。高温期育苗，苗床温度偏高，嫁接苗容易失水萎蔫，嫁接成活率一般偏低，苗床管理要求比较严格，应选择嫁接苗成活率相对比较高的靠接法，育苗条件好时可根据嫁接育苗的技术掌握情况选择其他嫁接方法。低温期育苗，应尽可能选择劈接法和插接法，以提高嫁接苗的壮苗率。⑤根据育苗条件选择嫁接方法。育苗条件比较好的地方，应优先选择有利于培育壮苗的插接法，育苗条件较差的地方，应首先选用劈接法和靠接法。⑥嫁接苗的管理。嫁接苗伤口愈合期为9~10d，这一阶段主要是创造适宜的温度、湿度及光照条件，促进接口快速愈合。一是温度。番茄、辣椒和茄子嫁接苗愈合的适宜温度，白天25~26℃，夜间20~22℃。温度低于20℃或高于30℃均不利于接口愈合，影响成活。早春温度低的季节嫁接，除架设小拱棚外，最好还要配置电热线，用控温仪调节温度。高温季节嫁接，采取搭荫棚、黑色遮阳网覆盖等措施降低温度。二是湿度。嫁接的成活率与环境内的空气湿度关系极为密切，嫁接后一周内空气湿度要达到95%以上。环境内空气湿度的控制方法是嫁接完毕后浇足水，用农膜盖严小拱棚，6~7d内不进行通风，6~7d后揭开小拱棚底部进行少量通风，9~10d后逐渐增加通风时间与通风量，每天中午喷水1~2次，应保持较高的空气湿度，直至中午幼苗不萎蔫方可转入正常的湿度管理。三是光照。嫁接后需短时间的遮光，实际上是为防止高温和保持环境内的湿度稳定，避免阳光直接照射秧苗，引起接穗萎蔫。遮光的方法是在小拱棚农膜外覆盖草帘或纸被，嫁接后3~4d要全部遮光，3~4d后半遮光（两侧见光），逐渐撤掉覆盖物及小拱棚农膜，10d以后恢复正常管理，如果遇阴雨天可不用遮光。注意遮光时间不能过长、过度，否则会影响嫁接苗的生长。⑦嫁接苗定植及管理。茄科蔬菜嫁接后30d左右即可定植，定植时嫁接口必须高出地面3cm左右，定植后由于砧木根系发达，植株长势较旺，砧木抗寒能力较强，生长前期温度可略偏低一些，以防徒长。进入盛果期，施肥量比常规栽培施用增加 15%～20%，在整个生长期间要随时去掉砧木侧芽，其他管理措施同自根栽培。

2. 茄科蔬菜嫁接栽培防虫增产机制

（1）砧木自身具有抗性基因。托鲁巴姆、托托斯加、CRP、超托鲁巴姆、托克斯等野生茄科品种含有 *Mi* 基因，对除北方根结线虫外的其他根结线虫有高抗或免疫作用。其抗性特征表现为在寄主中引起过敏反应（HR），使二龄幼虫侵染部位植株细胞局部坏死，阻止侵染时，且抗性表现持久。当遭受南方根结线虫侵染时，砧木幼苗根系苯丙氨酸解氨酶（PAL）、酪氨酸解氨酶（TAL）、多酚氧化酶（PPO）活性及总酚、木质素含量均以抗虫品种托鲁巴姆显著高于感病（线虫）品种。虽然南方根结线虫侵染使托鲁巴姆和茄科幼苗根系苯丙烷类物质含量及相关酶活性均增加，但以托鲁巴姆增幅较大，其 PAL、TAL、PPO 活性及总酚、木质素含量的最大增幅较其未受根结线虫感染的对照品种幼苗根系分别高72.9%、84.0%、33.2%、66.1%、22.9%，而感病（线虫）茄科植株品种仅分别高 50.1%、48.5%、21.1%、36.4%、13.9%。整个侵染进程中，托鲁巴姆始终表现出强烈的抗性反应；而感病（线虫）茄科植株除在初次侵染前期表现出一定的抗性反应外，其余时间反应较弱，尤其在遭受二次侵染时，抗性反应显著低于初侵染。利用抗性砧木与高产优质但不抗根结线虫的番茄、茄子、辣椒等茄科蔬菜品种作接穗嫁接，可切断根结线虫对番茄、茄子、辣椒等蔬菜作物侵染为害的途径，达到控制根结线虫为害的目的。

（2）砧木抗逆性强。茄科蔬菜作物嫁接选用的砧木根系发达，对肥害、干旱、低温等逆境抵抗能力强，嫁接后植株生长势增强，产量提高。嫁接番茄、茄子、辣椒对根结线虫具有明显的控制作用。嫁接植株虽然部分感染根结线虫，但其根部受害后仅产生小根瘤，且能继续产生新根，对其生长发育未产生根本性影响，且种植一年后土壤中根结线虫数量降低 95% 以上。而自生根茄科蔬菜根系弱，对不良环境的抵抗能力弱，其根部受到根结线虫为害后，产生大量根瘤，不能或者很少产生新根，致使地上部植株因缺乏水分和养分而枯死，且繁殖了大量根结线虫，致使下茬作物受害加重。

3. 嫁接栽培对茄科蔬菜根结线虫的防治效果

嫁接栽培作为克服连作障碍的有效措施，在番茄、茄子、辣椒等茄科作物上得以成功，其中用托鲁巴姆、托托斯加、CRP 等作为砧木嫁接番茄、茄子等蔬菜作物可有效防治根结线虫，托鲁巴姆作为砧木嫁接，根结线虫根结率为零，其他砧木嫁接根结线虫受害株率为 1.2%~2.6%，而自根苗 35.6%，前者较后者降低 92.7%~96.6%，从而解决了番茄、茄子连作根结线虫防治难题。嫁接栽培既能有效地预防根结线虫为害，又解决了农药污染和农药残留问题，协调了根结线虫防治与绿色食品蔬菜生产的矛盾。嫁接栽培对番茄、茄子、辣椒等蔬菜的品质无不良影响，在没有根结线虫为害的情况下，增产幅度 15%~20%，有根结线虫为害的棚室嫁接增产幅度因根结线虫为害程度不同而异。

4. 葫芦科蔬菜嫁接

（1）砧木品种的选择。①白籽南瓜。由日本引进亲本一代杂交而成，根系发达，植株生长速度快，瓜条黑、亮、顺直，特耐热、耐寒、耐弱光，是国际先进的黄瓜专用嫁接砧木，具有极高的嫁接亲和力，使嫁接成活率大大提高，并可控制拔节，以防徒长。由于其根系庞大，能有效防止瓜类根腐病等土传病害并强健地上部分，提高对霜霉病等病害的抵抗力，完全不同于传统意义上的嫁接砧木黑籽南瓜，且不影响嫁接后产品的品质和风味，反而颜色更加油亮，瓜顺直，大大提高其商品性。②日本金秀台木。黄瓜专用型杂交一代砧木，具有耐低温、抗高温的特性，且生命力持久。亲和力极强，嫁接苗不易徒长，胚轴粗细中等，空洞少，不影响黄瓜品质，嫁接成活率高。瓜条顺直，光泽亮丽，口感佳。根系发达，抗性极强，尤其对枯萎病等土传病害抗性更佳。该品种适合北方早春、夏秋茬黄瓜嫁接栽培。③圆葫芦。圆葫芦生长势中等，分枝性较强。耐热性强，耐旱，不耐涝。对根结线虫具有较强的耐害性，对其他土传病害抗性中等。嫁接后不影响产品的品质和风味。④"双依"丝瓜。嫁接苗的亲和性较好，成活率高，根系生长旺盛，具有很强的耐高温、耐寒、耐旱和耐湿性，抗根结线虫能力较强。嫁接苗生长旺盛，连续坐果能力强，嫁接苦瓜可改进其商品性状，瓜形粗大，其肉瘤突起十分明显，外观形状美观，畸形瓜率少，商品性和商品率高，增产30%以上。⑤瓠瓜。砧木亲和力强，成活率高，亲和力稳定，共生期极少出现不良植株。抗枯萎病，对根腐病、根结线虫等有一定的耐性。嫁接后的西瓜雌花出现较早，成熟较早，对品质无不良影响。瓠瓜是目前较为理想的西瓜砧木。

（2）确定合理的播种期。错期播种。不同的嫁接方法要求的砧木和接穗适宜苗龄不同，黄瓜出苗后生长速度慢，黑籽南瓜生长快，要使两种苗同一时间达到适宜嫁接的标准，就要错开播种期。靠接法要先播种黄瓜，黄瓜播种后5~7d，再播种南瓜，使两种种苗茎粗基本一致，易于嫁接，成活率高。插接法，先播种南瓜，大约7d后，待南瓜砧木的子叶露出一心时，开始播种黄瓜。

（3）种子处理方法。①黄瓜。将黄瓜种子放入55℃的水中浸种。浸种时要不停地搅拌，一直搅拌到水温降至25℃，用手搓掉种子表面的黏液，再换上25℃的温水浸泡6h。然后捞出种子置于用开水或药剂消过毒的纱布中，在25℃左右的温度条件下催芽1~2d，待70%的种子露白后即可播种。②南瓜。南瓜的浸种方法与黄瓜基本相同，其浸种的水温可以提高到75℃左右，用水量一般为种子量的3倍，种子倒入热水中后一直搅拌到水温降至30℃时为止。搓掉种皮上的黏液，再换上25℃的温水浸泡10~12h，催芽的温度为25~30℃，一般36h露白后即可播种。③苦瓜。苦瓜种皮坚硬，发芽缓慢，常规方法出芽缓慢，发芽率低。播种前需用种子量2倍的50~60℃温水浸种，自然冷却后继续浸1~2d，种子吸水膨胀。晾干表面水分，磕开种尖，装入小纱布袋中，置于30~32℃

温度下处理 10~12h，然后在 28~30℃ 处理 12~14h 进行催芽，每天调温通气 4~5 次，3d 以后发芽率达 85% 左右时即可播种。④丝瓜。丝瓜种子种皮厚且致密坚硬，透水透气性差，种子发芽不整齐，提高发芽率、缩短发芽时间是丝瓜生产中的首要问题。试验结果表明，在 30℃ 温度条件下用 100~300mg/kg 赤霉素浸种 12h 或在 30℃ 温度条件下用 1：500 云大 120（芸薹素内酯）浸种 12h，发芽率提高到 85% 以上。⑤西瓜。西瓜用 55℃ 温水浸种，边浸泡边搅拌，约半小时降至室温，再浸 2h。搓洗去种子表面的胶状物质，在 28~30℃ 下催芽，一般 24h 后出芽，即可播种。

（4）嫁接方法。黄瓜以靠接法使用最为广泛，其次为插接法、劈接法。苦瓜多采用靠接法和劈接法。西瓜不论哪种嫁接方法，嫁接适期最重要，砧木小嫁接时易裂，过大则胚轴髓腔扩大接后不易愈合，成活率低，常用的有插接法和靠接法。

（5）嫁接后的苗床管理。①温度管理。适于瓜类作物接口愈合的温度为 25℃。如果温度过低，接口愈合慢，影响成活率；如果温度过高，则易导致嫁接苗失水萎蔫。因此嫁接后一定要控制好温度，一般嫁接后 3~5d 内的温度为白天 24~26℃，不超过 27℃；夜间 18~20℃，不低于 15℃。3~5d 以后开始通风降温，白天可降至 22~24℃，夜间可降至 12~15℃。②湿度管理。嫁接苗床的空气湿度较低，接穗易失水萎蔫，会严重影响嫁接苗的成活率。因此，嫁接后 3~5d 内，苗床的湿度应控制在 85%~95%。③遮阳。遮阳的目的是防止高温和保持苗床的湿度。遮阳的方法是在小拱棚的外面覆盖稀疏的草帘或遮阳网，避免阳光直接照射秧苗而引起秧苗凋萎，夜间还起保温作用。一般嫁接后 2~3d 内，可在早晚揭掉草帘或遮阳网，接受散射光，以后要逐渐增加光照时间，1 周后不再遮光。④通风。嫁接 3~5d 后，嫁接苗开始生长时，可开始通风。初通风时通风量要小，以后逐渐增大通风量，通风的时间也随之逐渐延长，一般 9~10d 后进行大通风。若发现秧苗萎蔫，应及时遮阳喷水，停止通风，避免通风过急或时间过长造成损失。⑤接穗断根。靠接法在嫁接苗栽植 10~15d 后，伤口基本愈合，在断根前一天捏扁接穗接口下的胚轴，破坏其维管束，第二天在接口以下 1cm 处用刀片切断接穗根系，并随即拔出接穗根系，以后视接口愈合程度酌情去掉嫁接夹。断根 5d 左右，接穗长到 4~5 片真叶时，即可定植。

5. 嫁接栽培对葫芦科蔬菜根结线虫的控制效果

通过对我国不同原产地、不同类型种质的葫芦科蔬菜的地方品种抗性进行评价，在冬瓜、丝瓜、苦瓜和西瓜中获得了一些抗病种质，但没发现高抗和免疫的。利用这些抗性资源进行嫁接栽培主要是利用砧木发达的根系，增强植株的耐害性和对根结线虫为害后的自然补偿能力，还不能有效控制葫芦科蔬菜根结线虫的为害，必须借助其他防治手段，方可解决葫芦科蔬菜根结线虫的为害。

第八章 根结线虫病害的物理防治

根结线虫病害的物理防治是利用各种器械设备、工具和各种物理因子来控制根结线虫的方法。常用的方法有热力处理、种子汰选、高频处理和射线处理等，这些方法具有简单方便，经济有效，不与其他防治技术发生冲突，不污染环境的优点。但有些方法较原始，效率低，只能作为辅助措施或应急手段。近代物理学的发展以及其在农林植物保护专业上的应用，开辟了物理防治技术的广阔的前途。

第一节 热力处理

热力处理是植物寄生病原线虫综合防治中应用最广泛的方法，加热杀线虫措施是最经典和最成功的物理防治方法。主要分温汤浸种、土壤热处理及高温结合阳光暴晒土壤。植物的根、种子、鳞茎、块茎和其他无性繁殖材料的感染线虫部分，可以用热力（水）处理，将表面或内部的线虫杀死；利用热蒸汽处理苗床或温室土壤，也可以杀死其中的线虫。热力处理防治线虫病的原理：一般线虫耐热性不强，48~49℃处理15min是常见活动性线虫临界温度，这种温度可破坏线虫体内酶的活性。而普通种子和苗木的耐热性则比较强。一些线虫的活动临界温度低些，而不同植物耐热性也不同。我国在20世纪50年代末用温汤浸种法处理稻种，防治水稻干尖线虫病效果显著。方法是将种子放在冷水中预先浸泡24h，转至45~47℃温水中浸5min，再转入54℃温水中10min，然后取出来冷水中冷却。20 世纪 80 年代初，有学者用热水处理病苗（浸病根）防治桑、柑橘根结线虫病效果很好。桑树根结线虫病用 48～52℃热水浸泡 20～30min，柑橘根结线虫病用 48℃热水浸 15min，都可以得到很好的防治效果。

热水处理时要掌握好线虫的致死温度和寄主耐热温度之间的差异，例如桑树根结线虫致死温度是 48℃、20min，桑苗耐热温度为56℃、20min，两者温度差异大，处理效果显著，不但防治线虫彻底，且对桑苗还有刺激生长的作用。柑橘根结线虫致死温度为48℃、15min，而柑橘的耐热温度不能超过 50℃、15min，这种情况热处理就比较困难。此外，苗木的生理状况也影响它的耐热力，一般处于休眠期的苗耐热性高，发芽时则耐热性低。在热处理时要注意处理温度，以放下材料后温度为准，处理后马上要散热冷却。由于各地所使用的仪器、用具及苗木具体情况有所不同，热处理均应经过试验后才能进行。表 8-1 是通过一系列的温度和时间的组合进行试验得出的相关资料，以供参考。

表 8-1　热力处理植物材料防治线虫的温度和时间

植物种类	线虫种类	温度（℃）	时间（min）
甘薯	根结线虫	46.6	65
芍药根	根结线虫	48.9	30
水仙	起绒草茎线虫	43.3	240
柑橘苗木	柑橘半穿刺线虫	46.7	10
		45.0	25
	柑橘穿孔线虫	50.0	10
菊花休眠株	菊花叶枯线虫	48.0	15
百合鳞茎	草莓叶芽线虫	44.0	60
秋海棠	草莓叶芽线虫	49.0	1
		48.0	2
		47.0	3

续表

植物种类	线虫种类	温度（℃）	时间（min）
鸢尾	马铃薯腐烂茎线虫	43.3	180
草莓休眠株	穿刺根腐线虫	51.0	6.5
		49.4	17.5
	北方根结线虫	54.4	1
		52.8	3
鳞茎、球茎和肉质根	根结线虫	48.9	30
		46.6	60

第二节　种子汰选

种子汰选是利用健康饱满的种子，与病种子或线虫病的虫瘿种子的比重或形状不同，而用液体或是机械方法把病粒汰除，达到净化种子的目的。

1. 液体浮载筛选法

常用的液体有清水、20%食盐水和黄泥水等。带有水稻干尖线虫的种子比正常的种子的比重轻，用水选特别是盐水或泥浆水漂选效果较好。此法简单、经济、安全，但不彻底。

2. 机械汰选法

此法是用风力机械筛选，或用机器筛选汰除有病种子。在20世纪50年代，我国学者朱凤美根据筛选线虫的虫瘿粒明显比正常麦粒小的原理，发明的"小麦粒线虫虫瘿汰除机"，是利用麦粒与虫瘿形态差异，汰选小麦粒线虫病虫瘿的专门器械，可除去95%以上的虫瘿，这对控制我国20世纪50年代猖獗的小麦粒线虫病起到决定性的作用。此外，Leiper用水喷射冲洗马铃薯能将附着其上的胞囊冲洗掉，收到防治马铃薯线虫的效果。

第三节　高频处理

　　利用高频发生器处理带病（线虫）的种子和苗木，其原理是在外电场作用下，引起被处理物质分子来回频繁运动，利用分子运动摩擦产生的热量来杀死线虫。高频发生器加热均匀，经高频电场刺激后，种子发芽率高，发芽整齐，长势旺盛，早熟，当代即可增产。与此同时，有研究表明用高频发生器处理土壤，使土中线虫失去活力。高频发生器存在的问题是比较难以控制温度，很难做到定温、恒温处理，但如进一步改进仪器，解决上述问题，这种方法是有前途的。

第四节　射线处理

　　利用射线防治线虫病害，尚未应用到生产实践中，国外在1955年就发现，用 20 000R 或以上剂量的射线，可以破坏马铃薯金线虫的生活史。腐烂茎线虫和小杆线虫在 48 000R 剂量的射线处理后，种群数量减少98%，而用 96 000R 剂量射线处理，可以使线虫丧失生殖力。

第五节　太阳能热力土壤处理

一、太阳能热力土壤处理概念提出

　　太阳能热力土壤处理技术是指在高温季节通过较长时间，在密闭环境中，通过吸收利用太阳光能，迅速提高土壤温度，从而杀死包括根结线虫在内的各类土传病菌及地下害虫的一种土壤处理方法，可避免药剂处理所造成的土壤有害物质残留、理化性质破坏等弊端。太阳能处理一改人们在寒冷季节用塑料薄膜给植物保温的传统，将之用于植物土传病害的防治并取得理想的效果，为植物保护提供了新的视角和活力。由于它具有效果显著、可操作性强、对生态环境友好等诸多优点，其研究和应用日益受到人们的重视。随着时间的推移，太阳能热力不仅被证明为土壤处理有效的措施，而且在研究和应用技术的改进上都得到更快的发展。太阳能土壤处理对一些土栖害虫杀灭和土传病害控制的长期性以及促进植物增长效应都增强了它的应用价值。在大田、温室、果园结合其他措施，不仅使太阳能土壤处理的技术体系更加完整丰富，而且也扩大了应用的范围，延伸了它的含义。

随着联合国环境发展组织对溴甲烷使用的限制，使得那些过去长期依赖土壤熏蒸、溴甲烷用量十分巨大的发达国家，不得不寻找有效的替代技术和措施。太阳能热力处理作为一种比较成熟的土壤处理技术，能够兼顾控制病虫和环境保护，而且应用简单、便于推广，成为首选的几种替代技术之一。一些国家已经纷纷加大推广力度，为太阳能处理技术的普及和商业应用起到了积极的作用。

二、太阳能不同处理方式操作方法

1. 垄沟式覆膜与未覆膜太阳能处理

每年6月下旬至7月下旬，前茬作物收获完毕，清除地面上的残留蔬菜枝叶，然后灌水，待土壤合墒时（土壤手握成团，但未有水渗出），在棚室内南北方向做成波浪式垄沟，垄呈圆拱形，下宽50cm，高60cm，最后在垄上贴地面覆盖地膜。选择晴天关闭棚室的通风口，持续累计闷棚7~10d。然后将垄变沟，沟变垄，再闷棚7~10d。垄沟式未覆膜太阳能处理方法是将垄沟做好后，在其垄上不覆膜，直接关闭棚室通风口，进行高温闷棚，其他操作方法与垄沟式覆膜太阳能处理相同。

2. 平面式覆膜与未覆膜太阳能处理

前茬作物收获完毕，清除地面上的残留蔬菜枝叶，然后灌水，待土壤合墒时，深翻土壤 20cm 左右，然后贴地面覆膜。平面式未覆膜太阳能处理就是将棚室土壤翻整好后，不覆膜，直接关闭通风口，进行高温闷棚 15~20d。

三、太阳能不同处理方式对温室土壤环境的效应

1. 太阳能不同处理方式对提高土壤温度的效应

太阳能不同处理方式对温室土壤温度的影响显著不同。垄沟式覆膜升温效果最为明显，垄沟式未覆膜次之，平面式未覆膜效果最差。垄沟式覆膜处理 10cm、20cm、30cm、40cm、50cm 深土壤的最高温度依次是 59.1℃、57.7℃、56.6℃、48.9℃、47.6℃，较垄沟式未覆膜分别提高 4.3℃、6.2℃、6.8℃、2.8℃和2.4℃，较平面式覆膜分别提高 6.8℃、9.9℃、10.6℃、4.3℃和5.0℃，较平面式未覆膜处理分别高 9.4℃、13.1℃、12.1℃、7.4℃和7.8℃，较空白对照依次提高 15.0℃、14.6℃、15.9℃、12.2℃和13.5℃。垄沟式覆膜土壤 10cm 深地温超过 55℃、50℃、45℃平均持续时间分别为 5.5h、13h、17h；垄沟式未覆膜土温未达到 55℃，超过 50℃、45℃平均持续时间分别为 8.5h、16h；平面式覆膜最高温度也未达到 55℃，超过 50℃、45℃平均持续时间分别为 2.5h、10.5h；平面式未覆膜最高温度未超过 50℃，超过 45℃平均持续时间为 8.5h；空白对照最高温度未超过 45℃。随着土壤深度的加深，不同处理方式温度效应均依次降低，但垄沟式覆膜 50cm 深土温超过 45℃时间仍达 12.5h，其他处理方式温度均未超过 45℃。说明垄沟式覆膜太阳能处理温度高、高温持续时间最长。温度的升高及高温持续时间的延长可显著提高对根结线虫的杀灭效果。

2. 太阳能不同处理方式对土壤酶活性的影响

研究结果表明，太阳能不同处理对土壤酶的活性影响不同，以垄沟式覆膜影响最大，垄沟式未覆膜次之，平面式未覆膜影响最小。垄沟式覆膜、垄沟式未覆膜、平面式覆膜、平面式未覆膜太阳

能处理后 0～20cm 土壤脲酶活性分别降低 43.3%、36.4%、28.2%、17.4%，空白对照仅降低 4.0%。对土壤蔗糖酶、土壤碱性磷酸酶、土壤过氧化氢酶活性的效应表现出类似的规律性。此外，太阳能处理对温室不同深度土壤酶活性的影响不同，不论哪种处理对 0～20cm 土壤酶活性的影响均显著大于对 20～40cm 土壤酶活性的影响。说明温度越高，酶活性下降幅度越大。酶的种类不同对温度变化的敏感程度也不同，以土壤脲酶敏感程度最大，蔗糖酶和碱性磷酸酶敏感程度次之，土壤过氧化氢酶敏感程度最小。

3. 太阳能不同处理方式对土壤微生物数量的影响

太阳能不同处理方式对土壤微生物数量影响不同，其影响大小依次为垄沟式覆膜>垄沟式未覆膜>平面式覆膜>平面式未覆膜。4种处理措施均对真菌影响程度最大，细菌其次，对放线菌数量影响程度最小。对不同深度土壤微生物影响也不同，不同处理方式均对 0～20cm 土壤微生物数量影响显著大于对 20～40cm 土壤微生物数量的影响。

4. 太阳能不同处理方式对温室蔬菜根结线虫的影响

试验研究结果表明，太阳能不同处理方式对温室蔬菜根结线虫卵、幼虫、成虫均有杀伤力，其中以垄沟式覆膜对温室蔬菜根结线虫卵、幼虫、成虫杀伤力最大。随着土壤深度加大，其杀伤力依次减弱。垄沟式覆膜能有效杀灭温室 0～50cm 土壤层内根结线虫，垄沟式未覆膜可杀灭 0～30cm 土壤层内根结线虫，平面式覆膜和未覆膜能有效杀灭温室 0～10cm 土壤层内根结线虫。

从对温室蔬菜根结线虫控制的持效性看，以垄沟式覆膜持效性最长，处理后第三年田间受害株率及根结指数较对照分别降低90.8%、96.7%，第五年受害株率及根结指数仍分别较对照降低60.6%、72.8%；垄沟式未覆膜持效性次之；平面未覆膜持效性最短，处理后第三年田间受害株率及根结指数分别较对照仅降低22.4%、33.4%，第五年受害株率及根结指数和对照无显著差异。

垄沟式太阳能处理对根结线虫的杀伤效果显著高于平面式太阳能处理，持效性显著长于平面式太阳能处理。覆膜处理杀伤效果和持效性优于未覆膜处理。

5. 太阳能垄沟式处理总体效果评价

太阳能处理是近年来国际上迅速发展的一种环境友好型的作物土传病害防治技术，在国内外引起广泛重视。其理论基础就是依据土传病原菌对高温的忍耐限度。因此，如何提高棚室内土壤温度和延长高温持续的时间，使其达到或超过土传病原菌的致死温度和所需的时间，是决定这一技术防治效果高低的关键。提出的垄沟式覆膜太阳能处理技术，对根结线虫的防治效果明显优于传统的太阳能处理防治效果。在中国北方地区采用垄沟式太阳能处理，不使用任何药剂和其他措施，对根结线虫当年和翌年试验防治效果达到100%，示范效果达95%以上，第三年田间控制效果仍高达90%以上。该技术措施具有环保、安全、成本低、可操作性强、控制效果显著、持效期长等特点，既能有效控制蔬菜根结线虫的发生及为害，又避免了化学农药对生态环境和蔬菜产品的污染，协调了根结线虫的防治与绿色食品蔬菜生产的矛盾。该技术主要在每年6—8月进行，此时，温室前茬蔬菜拔蔓结束，正值北方干旱少雨季节，天气多以晴朗为主，具备大面积推广应用的环境条件，具有广阔的推广应用前景。

垄沟式太阳能处理防治效果比较好、防效持续时间比较长的主要原因是，采用垄沟式太阳能处理较平面太阳能处理采光面扩大了150%以上，不仅能提高土壤表层的温度，也能显著提高土壤深层的温度。垄沟式覆膜土壤10cm、20cm、30cm、40cm、50cm深的最高温度依次是59.1℃、57.7℃、56.6℃、48.9℃、47.6℃，土壤10cm深地温超过55℃、50℃、45℃的持续时间分别为5.5h、13h、17h。其温度显著高于常规平面式太阳能处理，高温持续时间也显著长于平面式太阳能处理，前者不仅能使0~20cm表层土壤温度达到根结线虫的致死温度，而且使40~50cm深层土壤温度也能达到根结线虫的致死温度。

太阳能处理对土壤酶活性有一定的影响，因为土壤酶活性是衡量土壤活性的重要指标之一。土壤磷酸酶能水解催化有机磷化合物为无机磷，为植物提供有效磷素营养。脲酶是一种金属酶，含有微量顺磁性的镍等过渡金属原（离）子，它们在酶中起着辅基、辅酶或活性中心等作用，水解土壤中的尿素。过氧化氢酶主要推动胺类的氧化，在土壤中含量水平比较稳定，在一定程度上反映了土壤中腐殖质的再合成强度。土壤蔗糖酶能水解蔗糖生成葡萄糖和果糖，直接参与土壤碳素循环，反映了土壤有机质分解代谢的强弱。太阳能处理对土壤脲酶、蔗糖酶、碱性磷酸酶和过氧化氢酶的活性有显著的影响，对 $0 \sim 20cm$ 浅层土壤的酶活性影响大于对 $20 \sim 40cm$ 深层土壤的影响。其原因：第一，高温直接影响土壤酶的活性，温度越高对土壤几种酶的活性影响越大；第二，高温引起土壤微生物数量降低，从而间接影响了土壤酶的活性；第三，其为土壤扰动的结果，因为土壤生化过程对生态环境因子的变化和人为扰动的反应很敏感。

垄沟式太阳能处理对土壤微生物也有一定的负效应。土壤微生物分为有益微生物和有害微生物，有益微生物是维持土壤质量和土壤生态系统中最活跃的组成部分，其数量的分布不仅敏感地反映土壤质量环境的变化，而且是土壤中生物活性的具体体现，是衡量土壤活性的指标之一，担负土壤生态平衡的"稳定器"、物质循环的"调节器"和植物养分的"转换器"。垄沟式太阳能处理对土壤微生物的种群数量影响较大，但对不同类群微生物影响不同，对真菌数量影响最大，其数量降低 96.0%，对细菌影响次之，对放线菌数量影响最小，其数量降低 53.9%。放线菌大多为有益菌，真菌和细菌中的致病微生物多为寄生菌，有益菌多为腐生菌，而腐生菌对高温的抗逆性比较强。多数植物病菌和有害生物是中温的，在温度高于 31℃ 时不能生长，可被太阳能加热时所达到的高温直接或间接杀灭，而耐高温的有益微生物通常能存活下来。垄沟式太阳能处理后对温室蔬菜根腐病、猝倒病、疫病均有显著的兼治作用，其病株率均降低95%以上。虽然太阳能处理后土壤微生物数量明显减少，但土壤具有自然修复作用，可通过增施腐熟有机肥、隔沟交替灌水等科学管理措施加快微生物种群数量的恢复。

四、太阳能垄沟式处理优缺点

利用夏季高温农闲时间进行太阳能土壤处理，是非常可行的，可有效杀灭或降低土壤中包括根结线虫在内的各种有害生物，减少农药使用，降低生产成本。同时还能促进土壤中有机质的分解转化，改善土壤肥力水平，提高土壤中植物必需营养元素的利用效率，提高蔬菜作物的产量和产品品质。对环境安全有益，且对病虫防治具有广谱性。

土壤太阳能处理最明显的缺点是对季节要求严格，在中国北方地区只能在6—8月进行，且受气候和地域限制影响比较大，需要消耗一定量的劳动力，不能耕种的时间需要1个月左右。太阳能处理对土壤酶的活性和土壤有益生物也有一定的负效应。

太阳能处理应注意选择阳光充足、气温较高的天气进行，保证棚膜和地膜的透光和密闭，有利于快速提高地温，从而达到处理效果。垄沟一定要规范，垄高不低于60cm，有助于提高土壤深层地温。

第六节　蒸汽土壤处理

一、蒸汽处理的原理及前景

蒸汽土壤处理首先由德国人弗兰克于1888年发现，1893年由美国人鲁德首次商业化使用，并在温室和苗床处理中得到广泛应用，是一项环保型土壤处理技术。其原理是利用高温使线虫细胞内蛋白质或酶变性，失去活性，从而使根结线虫死亡。土壤蒸汽处理法作为一种溴甲烷处理的替代技术，在欧洲和美洲等地广泛应用，特别是在一些温室和小范围的苗床中使用更具优势。但在中国由于生产单元比较小，成本比较大，目前还没有得到大面积推广应用。

二、蒸汽处理的方法

根据使用的方法不同，蒸汽处理法分为以下 4 种。

1. 地表覆膜蒸汽处理法（又称汤姆斯法）

在地表覆盖帆布或抗热农膜，在开口处放入蒸汽管，当通入蒸汽时，帆布、农膜呈气球状。该法效率低，通常蒸汽利用率低于30%，优点是使用方便，无须埋设地下管道。

2. Hoddeson 管道法

在地下埋设直径 20mm 的网状管道，管道长 2~3m，通常埋于地下 20cm 深处。在管道上每 10cm 长有一个直径 3mm 的圆孔。该法效率较高，通常蒸汽利用率为 70%~80%。

3. 负压蒸汽处理法

负压蒸汽处理法是当今蒸汽处理技术中最先进的方法。即在地下埋设多孔的聚丙烯管道，用风扇产生负压将空气抽出，将地表的蒸汽吸入地下。负压蒸汽处理法在深土层中温度比地表覆膜蒸汽处理法更高，在 35cm 土层中的平均温度达到 85~100℃，而地表覆膜蒸汽处理法在该深度的平均温度是 26℃。负压蒸汽处理法效率很高，通常蒸汽利用率在 50% 以上。

4. 冷蒸汽处理法

虽然负压蒸汽处理法有较多的优点，但是 85~100℃ 的蒸汽通常杀死有益土壤微生物，并产生对作物生长有害的物质。因此，有学者提出冷蒸汽处理法，即将蒸汽与空气混合，使之冷却到需要的温度，较为理想的是 70℃、30min，即达到杀死病原物而保护土壤中有益生物的目的。

三、对根结线虫的防治效果

试验结果表明，不同蒸汽处理方式对蔬菜根结线虫均有显著防治效果，但不同处理方式的防治效果有一定差异。汤姆斯法主要杀灭土壤表层的根结线虫，对土壤深层的根结线虫杀灭效果较低，平均根结率和根结指数分别较对照降低 84.8%、81.2%。Hoddeson 管道法、负压蒸汽处理法、冷蒸汽处理法不仅能有效杀灭土壤表层的根结线虫，而且对土壤深层的根结线虫也有较高的杀灭能力，病株率降低 60% 以上，根结率和根结指数较对照均降低 90% 以上。在不采用其他防治措施的条件下，合理选用蒸汽处理法可以有效控制根结线虫的发生及为害。

四、蒸汽处理法的优缺点

蒸汽处理法的优点是通过高压密集的蒸汽，有效杀死土壤中根结线虫，兼治真菌、细菌、昆虫，以及杂草等有害生物。此外，蒸汽处理法还可使土壤团粒化，提高了土壤的排水性和通透性。蒸汽处理具有高效、清洁、无毒、无残留、处理后短期内即可播种等优点，与溴甲烷等化学熏蒸剂相比具有绿色环保的特点。

1. 处理速度快

通常蒸汽处理只需用高压蒸汽持续处理土壤，使土壤温度保持 70℃、30min 即可杀灭土壤中的线虫，并能有效杀灭土壤中其他病原菌、地下害虫和杂草。由于熏蒸后，土壤会很快变凉，适宜种植，而化学熏蒸剂处理后一般需要等待一段时间后才能种植，这对于提高土地利用率，减少休闲时间有着积极的意义。

2. 均匀有效

蒸汽处理法渗透更均匀、有效，可以杀灭土壤中几乎所有的病原物和杂草种子。

3. 绿色环保

采用 70℃ 处理土壤，不会产生毒化作用，不添加任何化学物质，无残留药害，对环境友好，对人畜安全。

4. 无抗药性问题

当长期使用同一种化学药剂时，有害生物通常会产生抗药性，而蒸汽处理不会因为长期使用导致根结线虫产生抗性。

5. 适用范围广

土壤蒸汽处理法不受季节和地域限制，一年四季以及全国各省份不同地域均可应用，适用范围广。

6. 蒸汽处理缺点

蒸汽处理法的缺点是，需要昂贵的蒸汽发生器及其配套设施，如供电系统、持续的供水系统和水质软化系统，有些需要铺设地下管道，并且能耗较高，燃油锅炉燃烧时产生的温室气体，对大气层带来新的影响。为了保证土壤的处理效果，土温必须在 70℃ 以上并保持 30min。土温低于 70℃，需要延长时间才能杀灭根结线虫，但不能有效兼治杀灭土壤中的其他病原菌。超过 30min 虽能杀灭根结线虫，但对土壤微生物和酶活性有影响，低于 30min 达不到处理的效果。当土壤处理后，如果不能立即使用，应将处理后的土壤用农膜予以保护，防止与未处理土壤接触而污染处理土壤。土壤湿度决定着蒸汽处理的效果，同时加热和加湿相比单独加热能更有效地杀死病原菌，在处理前几天，要保持一定的湿度，提高处理效果。

第七节　热水土壤处理

一、热水处理法提出的背景

土壤热水处理法是在蒸汽处理法的基础上发展起来的。由于蒸汽很难逾越 15~20cm 的土层，所以，同传统的太阳能加热处理法相同，蒸汽处理法对 20cm 以下土壤的处理效果不理想。为了克服蒸汽处理法的缺陷，寻求对土壤深层根结线虫有良好防治效果的措施，20 世纪 80 年代中期日本九州农业试验农场和神奈川县农业综合研究所首先开始在蔬菜生产上进行了热水处理试验。神奈川肥料株式会社和石井玫瑰园等研究机构在花卉上尝试了土壤热水处理法。在 1992 年哥本哈根修订的《蒙特利尔议定书》及 1997 年对发达国家规定停止使用溴甲烷的背景下，2000 年日本农林水产省开始以国家辅助项目的形式，建立了为期 3 年的"利用热水进行设施园艺生产土壤管理与栽培研究"项目。目前该技术在韩国和日本已进入示范推广阶段，在中国尚处于试验阶段。

二、土壤热水处理设备的基本构成

根据热水处理法的工作原理，土壤热水处理系统主要由常压热水锅炉和洒水设备构成，热水锅炉提供 65～85℃的热水，洒水装置将锅炉内的热水均匀地灌注到待处理土壤中。

1. 热水锅炉

热水处理法使用的锅炉为常压锅炉，以燃油为燃料。根据热水锅炉的移动形式，一般将其分为固定式、牵引式、车载式和自走式 4 种类型。固定式，可实现大功率供热，但需要其他动力搬移，且移动搬运较困难；牵引式，移动便利，但需要其他机动车辆牵引；车载式，移动灵活，但锅炉受装载车辆结构大小的限制，锅炉功率不大；自走式，自备行走装置，易操作，作业人数少，但设备费用较高。

2. 洒水设备

洒水设备分为洒水管式和牵引式两种，前者在待处理土壤表面均匀布置洒水管，利用管上均匀分布的开孔向土壤中灌注热水；后者通过被牵引的洒水管在温室内缓慢移动灌注热水。两种洒水方式的处理效果没有明显的差异，但作业特性有所不同。洒水管式洒水设备简单、投资较少，适合于平地和已作畦等多种形态，洒水管路长，接口多，安装和拆卸作业量大；牵引式处理作业简单，但只适用于平整土地热水处理使用。洒水管式需要在温室内布置多根洒水管，安装水管接头，作业较繁琐，但该方式适合各种地表形态。牵引式依靠电动绞盘牵引可移动的洒水管从温室的一端向温室的另一端缓慢行走，实施灌注热水作业，这种洒水设备只适合于平整地表的热水灌注作业。

三、土壤热水处理作业要点

1. 土壤处理前准备

为了更好地增加土壤深层的处理效果，在热水处理作业前一定要对土壤进行旋耕整地处理。整地的深度直接影响土壤的透水性，土壤旋耕 40cm，需连续灌热水 150~200L/m²，土壤旋耕 15cm，需连续灌热水 70~90L/m²，免耕地需连续灌热水 25~58 L/m²。因为土壤中的水分会阻碍热水向深层渗透，为了使热水能顺畅地到达土壤深层，应尽量在土壤水分较低的状态下进行热水处理作业。

2. 洒水设备布置和灌注热水

洒水管式灌水，洒水管按照 30~40cm 的间隔铺设，为使土壤中的热量不迅速散失掉，增加处理效果，灌注热水前应预先在洒水管的上面铺盖整张保温覆盖膜。牵引式灌水，利用电动绞盘牵引均匀开孔的移动钢管在土壤上缓慢行走洒水，可移动钢管洒水后，应立即在地表铺盖保温覆盖膜，减少热量散失。热水灌注量根据土壤状况和处理要求而定。

四、土壤热水处理的效应

1. 热水处理对土壤温度的影响

试验结果表明，随着热水的灌入，土壤温度迅速上升，浅层温度上升高于深层温度。表层 5cm 处土壤温度最高可达 75℃；15cm

处土壤温度在热水灌入后 2h 左右可达到 60℃以上，并在停止热水灌注后仍继续升高，最高可达到 69℃，随着时间的延续，温度持续下降，但在处理后 9h 内仍能保持在 60℃以上；30cm 处土壤温度变化相对迟缓，低于 15cm 土层温度，最高达 48℃，但也可维持 40℃以上达 9h 左右，45~48℃达 4h 左右。而根结线虫的最高致死温度、时间范围为 45℃、4h 或 55℃、10min。土壤热水处理，可使 0~15cm 土层温度达 60℃以上，并保持 9h 左右，超过根结线虫的热致死温度。在高湿、高温条件下，防治效果更好。

2. 热水处理对土壤中微生物数量的影响

通过研究热水处理防治温室番茄根结线虫对土壤微生物数量的影响，结果表明，热水处理后土壤中真菌、细菌、放线菌等微生物的数量在作物不同生长期中均发生了明显的变化，土壤中微生物总量呈马鞍式增长，从番茄移栽期到番茄拉秧期，土壤中真菌、细菌和放线菌数量的比值对照明显增高。热水处理后番茄移栽前，单位质量土壤中真菌、细菌和放线菌的数量和对照相比分别降低了 96.8%、84.7%和 52.3%，微生物的总数降低了 84.4%；B/F 值（细菌/真菌）和 A/F 值（放线菌/真菌）与对照相比分别提高到对照的 5.07 和 15.8 倍。当番茄定植以后，土壤中的微生物开始大量繁殖。经热水处理后土壤中真菌数量同细菌和放线菌相比增长缓慢，到番茄拉秧期与对照相比真菌的数量降低了 92.4%，而细菌和放线菌数量明显增长，到拉秧期几乎接近对照土壤中的数量。热水处理后土壤微生物数总量最终和对照差异不显著，土壤中真菌减少的数量被细菌和放线菌所填补。经过热水处理后土壤微生物的 B/F 值和 A/F 值在番茄生长各个时期均比对照高，在番茄开花期 B/F 值和 A/F 值分别为对照的 10.8 和 21.0 倍，到拉秧期 B/F 值和 A/F 值分别为 1.88×10^4 和 1.72×10^3。

热水处理对根结线虫的防治效果显著，通过热水处理能有效杀灭土壤中的根结线虫，对 0~40cm 土壤不同深度的根结线虫杀灭效果均达到 100%，同时对土壤中的镰孢菌兼治效果也达到 100%。

五、防治原理和处理方法

1. 防治原理

土壤病虫通常在 0~50cm 的土壤中活动或越冬越夏，给土壤灌注 90℃ 以上的热水并持续相应时间，直至 50cm 内土层温度达到或超过根结线虫的致死温度，从而达到杀灭土壤中根结线虫的目的。

2. 处理方法

为保证热水能渗透到 50cm 土层，在处理前将土壤深翻 50cm，保持疏松平整。按设计要求在地面上铺设耐热滴灌管，并在土壤和滴灌管道上面覆盖一层薄膜保温。用锅炉将水加热到 90℃ 以上，通过直径 5cm 的耐热塑料软管灌注到土壤中进行处理。

3. 处理成本

利用容量 0.5t 的锅炉工作 8h，处理土壤面积 666.7m²，按照中国目前的油价和水价计算，折合人民币 2 000 元左右，至少可保证一年时间正常种植无土传病虫害。此项技术防治土传病虫害成本与化学药剂（棉隆）处理的效果基本相当。若利用太阳能热水器生产热水，成本降低 70% 以上。

4. 热水处理最佳时间的确定

虽然热水处理法在一年四季均可进行，但不同季节应用对防治效果和防治成本影响较大，以 6—8 月高温季节应用防治效果最好，防治成本最低。

六、热水处理的优缺点

一是操作方法简单易行，一般具有劳动能力的人均可操作，不受劳动者文化程度的限制。

二是具有环境亲和性，避免了传统土壤熏蒸剂（如溴甲烷）造成的环境污染，对作物生长发育没有影响，为高质量、无污染作物的生产创造了优越条件。

三是锅炉设备体积小，易于移动，适宜农村等不同地区使用。

四是土壤热水处理法与土壤蒸汽处理法相同，不受季节和地域限制，可用于土壤处理、基质处理，适用范围广。

五是热水土壤处理技术对土壤生物的杀灭不具有选择性，在杀灭根结线虫和其他土传病原菌的同时，也杀灭了土壤中的有益微生物，打破了原有土壤的生态平衡，需要通过增施有机肥、合理灌水等措施恢复土壤微生物。

第八节　低温冷冻土壤处理

一、低温冷冻土壤处理的概念

低温冷冻土壤处理技术是指在低温季节通过较长时间人为或自然形成低温环境，使之达到或超过根结线虫低温致死的积温，从而杀死根结线虫的一种绿色环保的土壤处理方法。与太阳能、热水处理等土壤处理法一样，可避免药剂处理所造成的土壤有害物质残留、理化性质破坏等弊端，为蔬菜根结线虫的防治开辟了新的途径和方法。

二、低温冷冻土壤处理方法

在根结线虫重度发生的棚室，将蔬菜种植一年一大茬改为一年两茬，休闲期调整为 12 月下旬至翌年 2 月上旬。在清除前茬枯枝落叶的基础上，棚室内南北向开挖深 60cm 相间的垄沟（垄沟的规格同垄沟式太阳能处理）。在北纬 36°以北地区，前茬作物收获后，撤去棚膜，自然冷冻，时间持续 20~25d；在北纬 34°50′ 至北纬 36°地区，需要人为创造低温条件，即白天在棚膜上加盖草苫或保温被等保温设施，晚上揭开保温设施，使棚室 0~20cm 土壤温度降至-1℃以下，持续 15d；然后晚上加盖保温设施，白天揭开，促使土壤快速解冻后，将垄倒成沟，沟倒成垄，白天加盖保温设施，晚上揭开，再持续冷冻15d。

三、低温冷冻土壤处理的效应

1. 低温冷冻土壤处理的温度效应

试验结果表明，在山西不同生态区土壤低温处理的温度效应不同。在土壤低温处理后，晋北地区大田露地10cm土壤低于南方根结线虫低温致死温度；20cm土壤温度与10cm土壤温度差异不显著，均低于低温致死温度，低于南方根结线虫致死低温持续时间均在60d以上；30cm土壤温度低于南方根结线虫低温致死温度持续时间也达50d以上。晋南地区10~30cm土壤平均温度均高于0℃，高于南方根结线虫低温致死温度。晋中地区10~30cm土壤平均温度低于0℃时间持续30d左右，但均高于南方根结线虫低温致死温度。说明在晋中、晋南地区进行土壤低温处理，达不到灭杀根结线虫的目的。

2. 土壤低温处理对土壤微生物数量的影响

土壤低温处理对土壤微生物种群数量有一定的影响，10cm土壤细菌、真菌、放线菌低温处理后，其数量分别减少47.2%、49.4%、36.8%，降低幅度显著大于对照。随着土壤深度的增加，低温处理对土壤微生物种群数量影响依次降低，和对照相比较降低幅度减小。30cm土壤低温处理后，细菌、真菌、放线菌数量分别降低24.4%、25.9%、18.8%。微生物数量降低的原因主要是受低温胁迫，加之棚室没有寄主植物，土壤微生物基本停止繁殖，死亡率增加，导致土壤微生物数量较处理前大幅度降低。但低温胁迫解除后，由于土壤的自然修复作用，微生物数量逐步恢复到正常水平。

四、土壤低温处理法优缺点

（1）绿色环保、无污染。土壤低温处理不添加任何化学物质，对土壤、蔬菜产品没污染，对环境友好，绿色环保，符合绿色食品蔬菜生产的要求。

（2）技术简便、可操作性强。技术简单，便于操作，适宜于不同文化程度的菜农使用。

（3）对线虫不同虫态均有效。处理均匀，对分布在棚室不同方位的根结线虫的不同虫态均能有效杀灭，效果好。对发生严重的棚室进行土壤低温处理投入产出比更高。

（4）局限性。土壤低温处理存在的主要问题是，处理措施受地域和时间限制，只能在北纬33°以北地区应用，在12月中旬至翌年2月中旬这一时间段内实施。

第九节　土壤还原消毒处理

一、土壤还原消毒处理的概念

土壤还原消毒处理是一种环保型土壤处理技术。它是利用太阳热能和水使麦麸或玉米秸（糠）在土壤中厌氧发酵，促进酵母菌、乳酸菌等有益菌群繁殖，结合土温升高，达到杀灭根结线虫的目的。这种处理方法除对根结线虫有较好的防治效果外，对茄子黄萎病、黄瓜根腐病、西甜瓜枯萎病等蔬菜土传病害也有很好的防效。

二、土壤还原消毒处理操作方法

根结线虫中度或轻度发生的棚室，在6—8月棚室蔬菜拉秧休闲期，进行处理。处理前3d，翻地、灌水，3d后每平方米均匀撒2~3kg麦秸（糠）或0.5~1kg麸皮，进行2~3次，15~20cm翻耕，之后灌水，用0.01mm农膜覆盖地面，密闭20d。然后通风，揭去地面的农膜，土壤翻耕后3~5d播种或定植。

三、土壤还原消毒处理的效应

1. 土壤还原消毒处理对土壤微生物数量的影响

土壤还原消毒处理由于给土壤中添加麦麸或麦糠，为微生物繁殖创造了条件，真菌数量明显增加，随着土壤深度的增加，真菌数量增加幅度依次减小，土壤深度 10cm、20cm、30cm，真菌数量分别增加 19.3%、15.8%、4.8%；细菌和放线菌数量降低，但降低幅度明显小于对照。研究结果说明，土壤还原处理对土壤微生物数量影响明显小于垄沟式太阳能处理、热水处理和蒸汽处理。

2. 土壤还原消毒处理对蔬菜根结线虫的影响

土壤还原消毒处理对 0~10cm 土壤分布的根结线虫防效最好。处理后受害株率和根结指数分别降低 89.2% 和 97.8%；对 10~20cm 分布的根结线虫防效次之；对 20~30cm 分布的根结线虫防效较差，受害株率和根结指数仅降低 7.0% 和 9.2%。因为随着根结线虫发生的加重，其在土壤中的分布深度加深，轻度至中度发生的棚室，根结线虫在土壤主要分布在 0~20cm，重度发生根结线虫时，在土壤中 40~50cm 深都有分布。说明土壤还原消毒处理只适用于棚室轻度至中度发生根结线虫的防治。

四、土壤还原消毒处理的优缺点

1. 绿色环保、无污染

对土壤微生物种群数量影响小，有利于保持土壤生态平衡，对土壤、蔬菜产品无污染，是当前一种绿色环保的防治根结线虫的措施。

2. 技术简便，可操作性强

技术简单易行，可操性强，适应范围广。

3. 具有培肥地力作用

土壤还原消毒处理给土壤中施入的麦麸或麦秸（麦糠），均为有机质，能有效提高土壤养分含量，改善土壤结构，为蔬菜生长发育创造良好的土壤条件。

4. 仅适用于发生较轻的棚室根结线虫的防治

土壤还原消毒处理只对土壤表层分布的根结线虫防治效果较好，对分布在土壤深层的根结线虫防效较差。因此，土壤还原消毒处理只适用于棚室轻度至中度发生根结线虫的防治，不适用于重度发生根结线虫的防治。

5. 局限性

受季节限制，有机物在土壤中发酵需要一定的温度条件，因此，还原消毒处理只有在温度较高的季节（6—8月）应用才能取得预期的效果。

第十节　土壤生物熏蒸处理

一、生物熏蒸的概念

生物熏蒸是利用来自十字花科或菊科的有机物释放的有毒气体杀死土壤线虫、病菌。葡糖异硫氰酸酯是十字花科或菊科植物中的一大类含硫化合物，其本身化学性质稳定，无生物活性，并且在植物亚细胞区室中被多价螯合，只有在受到线虫侵袭、收获、食品加工或咀嚼，而使植物组织遭到破坏时，葡糖异硫氰酸酯才能与内源性黑芥子酶接触，并立即反应，糖苷键发生水解，释出葡萄糖和一种自发降解的不稳定中间产物，形成各种各样的分解产物，包括硅烷硫酮、硫氰酸酯和不同结构的异硫氰酸酯等水解产物，特别是异硫氰酸甲酯，对有害生物有非常好的生物活性。含氮量高的有机物能产生氨杀死根结线虫。几丁质含量高的海洋产品也能产生氨，并能刺激微生物区系活动，促进根结线虫体表几丁质的溶解，导致线虫死亡。现在生物熏蒸概念已经延伸到利用有机物在发酵分解时产生的热量促使地温提高和产生氨，达到抑制或杀灭根结线虫的目的。

二、田间具体操作方法

目前生产上应用生物熏蒸防治根结线虫所使用的材料可分为两类，一类是含有硫代葡萄糖苷的植物，另一类是不含硫代葡萄糖苷的植物秸秆。

1. 以植物秸秆为熏蒸物

前茬作物拉秧后，6月下旬至7月下旬高温季节，整平土壤，每666.7m² 土壤用1 500kg 碎麦草、3 000kg 新鲜鸡粪或牛粪，均匀撒施于土表，深翻土壤20cm 以上，耙平，浇透水，最后用0.01mm 农膜覆盖土壤，四周压严，密闭大棚15~20d 后揭膜，敞棚，通气1d 后即可移栽作物。

2. 以含有硫代葡萄糖苷植物为熏蒸物

于6月下旬到7月下旬期间，在棚室内依照下茬作物种植行距开沟，沟深30cm，宽40~50cm，每666.7m² 在沟内集中施入芥菜、芝麻、甘蓝和茎椰菜等芸薹属植物4 000~5 000kg，施5 000~6 000kg 新鲜鸡粪或牛粪，与土壤充分混合后，再用表土培成垄，覆盖地膜，密闭温室，浇水至饱和，促使植物组织发酵产生热量和有生物活性的异硫氰酸酯类物质。

三、生物熏蒸防治效果

1. 不同植物组织及不同处理时间对根结线虫的熏蒸防治效果

将供试植物用粉碎机粉碎成0.5~1cm 的碎段后，按照1:10 的比例与经过高温处理的土壤混合，并搅拌均匀，装入500ml 广口瓶，接入2.5ml 线虫液（含线虫约5 000 条），封口并置于25℃恒温箱中。处理7d、14d、21d 后分别采用糖液离心法分离土壤中的线虫。结果显示不同熏蒸植物在不同熏蒸时间内对南方根结线虫的防治效果有明显差异。处理 7d 后，球茎甘蓝的熏蒸效果最好，线虫死亡率达 53.8%，麦草处理的效果最差，线虫的死亡率仅为 10.3%；处理 14d 后，球茎甘蓝熏蒸效果为 89.4%，麦草的熏蒸效果为 49.6%；处理 21d 后，球茎甘蓝熏蒸效果 90.1%，麦草的熏蒸效果达到 85.6%，麦草仅次于球茎甘蓝，位于第二。不论哪种植物组织熏蒸均随着熏蒸时间的延长，对线虫的熏蒸效果均随之增加。在供试的几种植物中，除了菠菜效果较差外，其他的熏蒸效果都比较理想，在生产实际中，可以就地取材，灵活使用。

2. 不同用量植物组织对南方根结线虫的熏蒸防治效果

球茎甘蓝、芥蓝、甘蓝、圣女果、麦草 5 种不同植物组织的不同处理用量对南方根结线虫的致死率均随着用量的增加依次提高。例如，在每 500g 土壤中添加 150g、100g、50g、32g、25g 植物组织处理 20d 后，均为每 500g 土壤添加 100g 植物组织，即 1∶5 的比例熏蒸对南方根结线虫效果最好，分别为 86.5%、98.3%、92.3%、90.8%、89.8%。以每 500g 土壤添加 50g 植物组织，即 1∶10 比例熏蒸对南方根结线虫抑制效果有所降低，但均与 1∶5 比例熏蒸效果差异不显著，当添加比例降至 1∶15 时，熏蒸效果明显降低，与 1∶10 比例熏蒸的效果差异达极显著水平。从熏蒸效果和降低成本的角度综合分析，以每 500g 土壤添加 50g 植物组织，即 1∶10 比例最经济有效。

3. 不同植物组织在不同温度条件下对根结线虫的熏蒸效果

不同的植物组织均随着温度的升高，对南方根结线虫熏蒸效果依次提高。根据这一结论，生物熏蒸时间应选在温度较高的季节，不同植物组织均随着温度的升高和熏蒸时间的延长，对南方根结线虫的熏蒸防治效果依次升高。

4. 生物熏蒸对黄瓜根结线虫的田间防治效果

生物熏蒸对黄瓜根结线虫的田间防治效果试验结果表明，不同植物组织熏蒸处理对黄瓜根结线虫均具有一定的防治效果，其中以球茎甘蓝处理防治效果最好，在黄瓜初果期、盛果期、拉秧期根结指数分别为 21.8、28.1、37.9，防效依次为 55.3%、65.7%、60.4%。菠菜处理效果最差，在黄瓜初果期、盛果期、拉秧期的防治效果分别为 42.8%、53.9%、49.8%。麦草处理在黄瓜初果期效果较差，随着黄瓜生育期的推进，防效逐渐提高，直至黄瓜拉秧期防效高于其他处理。其他处理均在黄瓜盛果期防效最高。

5. 添加不同物质后对黄瓜根结线虫的灭杀效果

有研究表明，在熏蒸材料中添加新鲜鸡粪或麦麸均能显著提高熏蒸效果。单用球茎甘蓝熏蒸，对黄瓜初果期、盛果期、拉秧期根结线虫的防治效果分别为 60.3%、70.8%、63.8%，添加鸡粪防治效果分别提高到 75.1%、87.1%、83.1%。添加麦麸效果优于添加鸡粪。在麦草和圣女果枝叶中添加鸡粪和麦麸具有类似的结果。添加鸡粪和麦麸在防治根结线虫的同时，对黄瓜根腐病、灰霉病、蔓枯病等病害具有兼治作用，且具有培肥地力的作用。提高防治效果的机制是添加不同物质后，增加了有机物数量，在发酵时释放更多热量，提高土壤温度，加速了有机物分解进程，在短时间内提高了对根结线虫具有活性物质的浓度。

四、土壤生物熏蒸的优缺点

1. 操作简单，绿色环保

方法简单，可操作性强。属绿色环保技术范畴。作为溴甲烷替代技术之一，具有广阔的应用前景。

2. 培肥地力和防治效果持效期长

生物熏蒸除了具有防治根结线虫的作用外，还具有增加土壤肥力的作用。防治持效期长，长达 60d 左右，投入产出比较高。

3. 局限性

生物熏蒸法仅适应于根结线虫轻度至中度发病的棚室应用，根结线虫重度发生的棚室不宜采用。

4. 应用受到季节限制

一般在高温季节防效较好，在温度较低的条件下防效较差。因此，该技术应用最佳时期为温度较高的6—8月。

第十一节　应用臭氧防治

一、臭氧应用领域

1839年，德国化学家舒贝因发现臭氧，其由三个氧原子组成，比氧分子多一个活泼的氧原子。臭氧是一种无色略带臭味的气体，化学性质特别活泼，常温下半衰期约20min，易分解，易溶于水，是一种不稳定的强氧化剂。分解过程中没有任何有毒残留，不会形成二次污染，被誉为"最清洁的氧化剂和消毒剂"。1850年，法国化学家西门子发明了"超级诱导管"即"西门子臭氧管"，用于水的消毒，正式开辟了臭氧应用时代。此后的100多年，臭氧被广泛应用于医学消毒领域，并取得了良好的效果。

不论应用时间还是应用程度，臭氧在农业领域的应用都远不及在医疗等其他领域。1995—1996年日本、法国、澳大利亚相继立法允许食品加工行业使用臭氧，美国于1997年明确公告允许在食品加工业应用臭氧。目前臭氧在我国主要应用在储粮上防霉变、杀虫和降解储粮表面上的农药残留。在我国"十五"期间，国家粮食局向粮食行业重点推广使用技术中，明确提出要在绿色储粮和装备中推广臭氧储粮防护技术。近年来臭氧在养殖业上也得到广泛应用，臭氧能够有效降解畜禽养殖圈舍中的硫化氢和氨气，同时配合使用饮用水的消毒，能够显著减轻畜禽呼吸道及消化道疾病的发病率，为绿色化养殖开辟新途径。目前，山西、陕西、河南、河北等省将臭氧发生器（机）列入农机补贴项目，以此推动臭氧技术在养殖业中的广泛应用。

臭氧技术在设施蔬菜上的应用目前尚处于试验示范阶段，主要利用相对密闭的环境条件，使用臭氧发生器释放臭氧防治作物灰霉病、霜霉病等气传病害，若该技术能得到大面积推广应用，必将丰富和发展设施蔬菜病虫害综合防治技术的内容，为解决我国因防治病虫害引起蔬菜产品农药残留污染的问题开辟一条新途径。目前臭氧已成为科技界研究热点之一，不断有新产品、新技术问世，应用范围不断扩大，将成为实现无公害农业生产的一条重要途径，其应用前景十分广阔。

二、臭氧产生原理

臭氧是世界公认的一种广谱高效特殊杀菌消毒剂。制备臭氧方法有多种，应用比较广泛的是臭氧发生器放电氧化空气或纯氧气成臭氧。即应用高能量交互式电流作用空气中的氧气，使氧气分子电离而成臭氧。中、高频高压放电式臭氧发生器是使用一定频率的高压电流制造高压电晕电场，使电场内或电场周围的氧分子发生电化学反应从而制造臭氧。这种臭氧发生器具有体积小、功耗低、技术成熟、工作稳定、使用寿命长、臭氧产量大（单机可达 1kg/h）等优点，是目前国内外相关行业使用最广泛的臭氧发生器。世界最好的臭氧发生器产品是来自德国安思罗斯公司（ANSEROS）的臭氧发生器和德国 WEDICO 的发生器。

三、臭氧作用机制

释放出的臭氧气体扩散到空间，接触到作用靶标后，能迅速穿透细菌、真菌、昆虫、线虫等靶标的细胞壁、细胞膜，使细胞膜受到损伤，并继续渗透到细胞膜内，使靶标生物体蛋白变性，酶系统破坏，正常生理代谢系统失调或中止，导致靶标生物的休克死亡，达到消毒灭菌和杀虫的效果。对根结线虫的作用机制是属于生物氧化分解反应，直接与根结线虫二龄幼虫和卵发生作用，氧化破坏其细胞壁、DNA 和 RNA，分解蛋白质、脂类和多糖大分子聚合物，使细胞的物质代谢、生长和繁殖过程遭到破坏；渗透细胞膜，侵入细胞膜内作用于外膜脂蛋白内部的脂多糖，使细胞发生通透性畸变，导致细胞的溶解死亡，并且将死亡根结线虫二龄幼虫和卵内寄生病毒粒子、噬菌体、支原体及热原（细菌病毒代谢产物、内毒素）氧化溶解变性死亡。

四、臭氧对根结线虫的防治效果

目前主要采用以水为载体，制成臭氧水灌施于土壤，防治根结线虫。也可以制成臭氧肥料施入土壤，防治根结线虫。

1. 臭氧水制备

氧气经过臭氧发生器生成高浓度臭氧，臭氧再经混合泵与水混合后，即制成臭氧水，如果要求浓度较高，可以把水进行长时间循环混合。如果臭氧水要求浓度不高，可以调节臭氧发生器功率，根据臭氧发生器的功率和所需臭氧水的浓度控制臭氧发生器的工作时间。

2. 臭氧水对黄瓜、西瓜、番茄、生姜根结线虫的防治效果

选择根结线虫发生比较均匀的田块，分别种植秋延茬黄瓜、早春中棚西瓜、秋延番茄、保护地生姜，并于黄瓜播种后、西瓜定植后、番茄定植后、生姜播种后开始每隔 10d 灌施 1 次，分别灌施 13 次、10 次、15 次、20 次，每种作物灌施臭氧水浓度分别为 0mg/L、1.5mg/L、2.0mg/L、2.5mg/L，于黄瓜拔蔓期、西瓜采收期、番茄拔蔓期、生姜收获期，统计发病株率、根结指数。结果表明：与未灌施臭氧水相比，分别灌施 1.50mg/L、2.0mg/L、2.5mg/L 臭氧水，黄瓜受害株率分别降低 14.0%、18.4%、24.7%；根结指数分别降低

34.6%、61.2%、64.1%。臭氧水浓度为2.0mg/L防治根结线虫的效果与2.5mg/L时差异不明显，说明用臭氧水灌施防治根结线虫的合理浓度为2.0mg/L。在番茄、生姜、西瓜上试验结果与在黄瓜上结果类似。只是在黄瓜和西瓜上的防治效果高于番茄和生姜上的防治效果，其原因可能与作物根系组织结构和分布特点有关。目前使用臭氧防治根结线虫，除了灌施臭氧水外，还可通过臭氧油、臭氧聚合粉等肥料使用。

五、臭氧防治的优缺点

1. 使用方便，成本低

臭氧可实现一施多用，除防治根结线虫外，对其他土传病害有较好的兼治效果，而且防治费用低。与喷施农药相比，施放臭氧更为方便、高效、安全，可大大减少农药的使用量，降低用药成本。

2. 绿色环保

臭氧在干燥的空气中不稳定，可很快分解还原为氧气，因此在植株内及果实中无污染、无残留，是实现无公害蔬菜生产的一条重要途径。

3. 提质增产

在温室番茄上使用臭氧后畸形果明显减少，含糖量提高，产量增加5%~10%，且果实个大、着色好、口感好。温室黄瓜上使用臭氧后畸形瓜少，瓜条顺直，外观品质好，商品率提高10%~15%。

4. 对土壤的有益微生物有杀灭作用

在同一田块连续使用，土壤微生物多样性丧失，微生物数量下降，影响土壤肥力。

第九章 根结线虫病害的化学防治

应用化学药剂防治植物线虫是目前线虫病害防治的主要措施之一，防治植物线虫的药剂一般称为杀线虫剂。与杀虫剂、杀菌剂等农药相比，杀线虫剂的发展历史较短，目前在生产中应用的种类不多。大部分杀线虫剂主要用于处理土壤，少部分用于种子、苗木处理和植物生育期喷雾使用。

化学防治具有高效、速效、操作方便、适应性广、经济效益显著的特点。生产上使用主要包括：蔬菜定植前土壤处理、蔬菜定植时施药和蔬菜生长期灌根。根据试验示范结果和多年的实践经验，根结线虫药剂防治的有效方式是土壤处理和定植时施药，而灌根防治在同一种药剂同一剂量的防治效果显著低于土壤处理的防治效果，尤其在设施栽培条件下对根结线虫没有明显的防治效果，且对蔬菜易造成污染，不提倡使用。

第一节 杀线虫剂种类

杀线虫剂按其结构可以分为四类，即卤代烃类、异硫氰酸甲酯类、有机磷类、氢基甲酸酯类。

按照杀线虫剂的性质，可分为熏蒸性杀线虫剂和非熏蒸性杀线虫剂。卤代烃类和异硫氰酸甲酯类属于熏蒸性杀线虫剂，非熏蒸性杀线虫剂具有能触杀和内吸作用，两类杀线虫剂在作用方式、对作物安全性、施用方法等方面有较大的区别（表9-1）。

表 9-1　熏蒸剂与非熏蒸剂的比较

项目	熏蒸剂	非熏蒸剂
对作物安全性	有药害，除个别品种外，不能在植物生长期使用，必须在作物种植前1~2周施用	药害轻，可与作物播种时同时使用，也可在作物生长期使用
用量	大	小
施用方法	土壤处理方法繁琐，需要特别工具	土壤处理、拌种、浸根，方法简便，不需要特殊工具
药剂价格	低	高
作用方式	熏蒸作用	触杀、内吸作用

第二节　杀线虫剂的作用机制

一、卤代烃类杀线虫剂的作用机制

卤代烃对线虫的毒杀作用，最初表现为线虫的过度活动，继而麻痹，终至死亡。其作用机制一是通过属于亲核性双分子取代反应的烷基化，二是通过发生在细胞色素链 Fe^{2+} 离子部位的氧化作用，使线虫中毒死亡。

二、异硫氰酸甲酯代谢产物的杀线虫作用机制

通过与酶分子中的亲核部位（如氨基、羟基、巯基）发生氨基甲酰化反应来实现的。

三、有机磷和氨基甲酸酯杀线虫剂的作用机制

有机磷和氨基甲酸酯类杀线虫剂的作用机制与杀虫剂相似，都是抑制乙酰胆碱酯酶（AchE）的活性，与胆碱酯酶结合，成为磷酰化胆碱酯酶，从而使胆碱酯酶丧失活性，丧失催化水解乙酰胆碱

的功能，造成线虫体内乙酰胆碱的大量累积，从而导致线虫呈中毒麻痹状态，不过，杀线虫剂抑制 AchE 是可逆的反应。当中毒的线虫从药剂中移出后，线虫可复苏。

有机磷与氨基甲酸酯类杀线虫剂对植物的保护作用，并不在于杀死线虫，主要在于它们损伤线虫神经肌肉的活性，减弱了线虫活动能力，减少了线虫初侵入植物的数量及摄取食物的能力，破坏了雌虫引诱雄虫的能力，因而导致线虫发育进度、繁殖率下降。

关于非熏蒸杀线虫剂对线虫行为的影响，已有许多研究与报道。在一些试验中得到很好的保护作用和增产效果，但分析土壤中的虫口密度并未发现有显著下降。非熏蒸杀线虫剂与熏蒸杀线虫剂的重要区别是，前者并非直接杀死线虫，仅影响线虫的行为，而后者则直接杀死线虫。

第三节　杀线虫剂的施用和处理方法

杀线虫剂的处理、施用方式和方法有多种，在实际防治中，应根据作物、防治对象、所用药剂进行选择，力求降低防治费用。

一、施用方式

按照使用面积的大小及作物的不同，杀线虫剂的施用方式有以下几种。

1. 全面施药

在种植作物的整个地块用药，这种施药方式用药量较大，杀线虫效果高，主要用于行距较狭的作物及一些苗圃作物。

2. 沟施

药剂仅施在播种垄沟内，其施用药量仅为全面施药的 10%～50%，是常用的施药方式，主要用于作物种植行距较宽的田中。

3. 穴施

用于一些种植在斜坡地上的作物，仅处理栽培穴的部分，这种施药方式用药量更小。

二、处理方式

根据杀线虫剂的施用时期，处理方式有以下几种。

1. 种植前处理

熏蒸杀线虫剂对植物有药害，应于种植前约 15d 处理苗床或大田。

2. 种植时处理

非熏蒸药剂可以在作物播种或移栽时处理土壤。

3. 种植后处理

有机磷类和氨基甲酸酯类等，对植物药害轻的药剂，可以在植物生长期内处理，这种处理方式主要用于多年生的果树等作物。

4. 浸渍根苗

非熏蒸药剂特别是内吸性药剂，可以在种苗移植时浸根。

5. 种子处理

用杀线虫剂拌种可防治作物苗期的线虫。但要特别注意对种子的安全性问题。

6. 叶部处理

对毒性较低的内吸药剂，可用来喷施植物叶面而防治根部的寄生线虫。

三、施药方法

1. 土壤注射

多数的熏蒸性杀线虫剂，施用时一般须借助特殊的器械。在小面积施用杀线虫制剂药物时，常用土壤注射器，按一定间距向土内注入一定量的药液，注射的浓度可用探针来调节。

2. 土壤熏蒸施药机

大规模处理可采用土壤熏蒸施药器械，施药原理一般是利用熏蒸剂药液的重力，从安装在铧子后的输液管中流滴在划好的一定深度的沟中，然后覆土压实。

3. 人工撒施

一般粒剂和粉剂，可直接用人工办法撒入土中，然后稍微覆一层薄土。

4. 土壤灌注

用水配制成药液，然后向土壤灌注，此外，有些土壤熏蒸剂也可应用此法来施药，如氯化苦、二溴化乙烯和 D-D 混剂等。

第四节　线虫化学防治的策略

与其他病虫害防治相比，线虫的防治更为困难，在当前生产实践中主要存在下面几个问题。

一、杀线虫剂的效果

由于线虫是低等动物，角质层较厚，化学药物难于进入线虫体内，现今杀线虫剂多数对线虫卵无效，同时，由于杀线虫剂一般采取土壤处理难于彻底杀死或影响线虫的生长发育，另外，土壤理化性质和微生物等的作用，常能加速杀线虫剂的分解，所以，目前的杀线虫剂防效不够理想。

二、使用成本

目前杀线虫剂的价格普遍较高，同时由于杀线虫剂施入土壤，用药量较大、施用技术复杂，防治费用较高，投入与产出比偏高，因而，限制了杀线虫剂在大田低值作物上的应用。

三、杀线虫剂药源

目前我国杀线虫剂药源短缺，可供选择的品种不多，能够在国内市场买到的就为数更少，同时，大部分药剂因毒性大将被淘汰。

四、对环境污染的问题

目前生产上应用的杀线虫剂大多对人畜毒性较高，尤其是用药量大，更加大了对环境的威胁。所以，一些原本效果很好的杀线虫剂，停止生产或在部分地区禁用，如二溴氯丙烷已被全面禁用，禁止生产。这给杀线虫剂的研究提出了亟待解决的难题。

在目前的经济技术水平下，化学防治仍是一个无法替代的防治措施，但如何解决上述提及的问题，关键是要加紧对高效、低毒、低成本农药的研究和开发，也可通过研究和开发杀线虫混合剂和种衣剂，提高防效，减少杀线虫剂使用量。但目前更为重要的是要从综合防治技术策略入手，在利用化学防治措施的同时，尽量结合使用其他非化学的防治手段，同时要针对不同作物线虫病害选择不同的杀线虫剂。在此基础上，要掌握最佳的使用方法、使用时期，千方百计减低用药量，以达到最小的投入、最佳的防效和对环境最小的影响。

第五节　我国主要杀线虫剂简介

一、噻唑膦

噻唑膦的商品名垄多喜，有效成分是（RS）-S-仲丁基-O-乙基-2-氧代-1，3-噻唑烷-3-基硫代磷酸酯和（RS）-3-［仲丁基硫基（乙氧基）磷酸］-1，3-噻唑烷-2-酮。该药剂是一种内吸传导非熏蒸型的高效、低毒、低残留的环保型杀线虫剂，具有防治效

果好、使用方便、持效期长等特点，是我国目前在蔬菜上获得登记
的仅有的几个杀线虫剂之一，符合无公害蔬菜生产的要求。噻唑磷
毒性低、对环境安全，对土壤中的有益微生物几乎没有影响。主要
剂型是 2012 年在农业部登记原药含量为 96%，原药纯度越高，药
效发挥就更稳定。制剂有 10%颗粒剂、5%微乳剂、75%乳油，剂
型多样，方便不同时期不同方式的用药需求。

1. 作用机制

在植物体内具有良好的内吸传导和对线虫的触杀作用，能有效
阻止线虫侵入植物体内并能杀死侵入植物体内的线虫。适宜作物有
黄瓜、番茄、胡萝卜、茄子、萝卜、牛蒡、山药、马铃薯、大蒜、
甘薯、西瓜、香蕉、烟草等多种作物。

2. 使用技术

（1）施药剂量。在黄瓜、番茄上登记剂量为每 666.7m² 施用
10%颗粒剂 1.5～2kg，处理土层深度 0～20cm。根据试验研究结果
表明，该剂量处理 0～20cm 土层对轻度或中度发生的蔬菜根结线虫
有较好的防治效果；对重度发生的蔬菜根结线虫，处理剂量以
2.5～3kg，处理土层深度以 0～30cm 为宜。

（2）施药方法。在作物定植前，将 10%噻唑膦颗粒剂均匀撒
于土壤表面，再用机具将药剂和土壤充分混合，施药深度及使用剂
量根据根结线虫发生轻重确定。5%噻唑磷乳油使用剂量为
2 000ml/666.7m²，可冲水施用或随水浇灌。移栽后 5～7d 是根结
线虫侵入根内的高峰期，如果在移栽定植后进行畦面施药、开沟施
药或穴施，根结线虫对根系的为害已经形成，防治效果显著低于移
栽前土壤全面施药，因此建议以移栽定植前土壤处理为主，避免畦
面施药、开沟施药和穴施。

（3）药效特点。颗粒剂药效受土壤湿度、温度、pH 值影响极
小，且使用不受季节制约。在植物中有很好的传导作用，能有效防
止线虫侵入植物体内，对已侵入植物体内的线虫也能有效杀灭。药

效稳定，效果好。同时对地上部的蚜虫、叶螨、蓟马等害虫也有一定的兼治效果。药效持效期长，一年生作物2~3个月，多年生作物4~6个月。颗粒剂型，使用方便，可与有机肥混合使用，药剂处理后可直接定植，对后茬作物无药害。

（4）施药注意事项。①使用方法不当、超量使用或土壤湿度过大时容易引起药害。②对蚕有毒性，注意不要在桑园及其周围用药。③施药时，要穿戴作业服，施药后要立即清洗手、足、脸。④如误食引起中毒，应急送医院，阿托品为解毒剂。

二、氯化苦

氯化苦又叫三氯硝基甲烷、硝基三氯甲烷，属高毒类杀虫剂。土壤处理中除能有效防治蔬菜根结线虫外，还能兼治蔬菜猝倒病、立枯病、枯萎病、黄萎病、根腐病、蔓枯病、疫病、菌核病、根肿病、疮痂病、癌肿病及地老虎、金针虫、韭蛆、蛴螬等地下害虫。也用于熏蒸粮仓防治贮粮害虫，对常见的储粮害虫如米象、米蛾、拟谷盗、豆象等有良好杀伤力，对储粮微生物也有一定抑制作用。有效成分为三氯硝基甲烷，纯品为无色油状液体，粗制品是浅黄色类似重油的液体，具有强刺激性气味和催泪效果。

1. 作用机制

以蒸气经线虫气门进入虫体，水解成强酸性物质，引起细胞肿胀和腐烂，并可使细胞脱水和蛋白质沉淀，造成生理机能破坏而死亡。适用作物有茄果类、瓜果类、豆类、叶菜类、薯芋类、葱蒜类。

2. 使用技术

（1）施药方式。施药前准备，首先，清除土壤杂物，然后旋耕30cm深，充分碎土。其次，灌水，保持土壤一定湿度，湿度过大、过小都不宜施药，土壤含水量以18%~21%为宜。处理前土壤达到平、匀、松、润状态。

（2）施药量。每平方米使用 30~50g 为宜。重茬年限越长，使用量越高。发病越严重，使用量越大。

（3）施药方法。采用人工注射施药，即用手动注射器将三氯硝基甲烷注入土壤中，注入深度为 15~20cm，注入点的距离为 30cm，每孔注入药液量为 2~3ml，必须逆风向作业。注入后，用脚踩实穴孔，并覆盖 0.01mm 以上农膜。为提高功效，可采用机械施药，实现施药覆膜一体化。

（4）施药注意事项。本品属于危险化学品，在施药技术、安全运输保管、专用施药机械、工具养护等方面严格按照操作规则执行。①施药时要戴好防毒口罩（防毒面具）。②施药时要从下风头向上风头移动（逆风）。③施药时从药液桶中装取时，作业者的位置要在上风头，要快速装取。④处理后不要把其他含线虫土壤（包括育苗土）带入处理区。防止雨水、农机具等从其他地方将含有根结线虫的载体流（带）入处理区。

三、阿维菌素

阿维菌素为农用兽用杀虫、杀螨和杀线虫剂，大环内酯双糖类化合物，属高毒杀虫、杀螨和杀线虫剂。阿维菌素对线虫、昆虫和螨类具有触杀、胃毒和微弱的熏蒸作用，致死作用较慢。原药精粉为白色或黄色结晶，21℃下在水、丙酮、甲苯、异丙醇中溶解度分别为 7.8g/L、100g/L、350g/L、70g/L，在氯仿溶解度为 25g/L。常温下不易分解，在 25℃，pH 值 5~9 的溶液中无分解现象。农药上常用剂型为 1.8%阿维菌素乳油。

1. 作用机制

药物是从土壤微生物中分离的天然产物，具有触杀和胃毒作用，并有微弱的熏蒸作用，无内吸作用，但对植物叶片、根系有很强的渗透作用，可杀死根系表皮下的线虫，且残效期长。其作用机制与一般杀线虫剂不同的是它干扰线虫神经生理活动，刺激释放 7-氨基丁酸，而 7-氨基丁酸对节肢动物的神经传导有抑制作用，药剂接触后即出现麻痹症状，不活动不取食，致死作用较慢，2~4d后死亡。阿维菌素防治线虫适宜的作物有黄瓜、番茄、茄子、芹菜、白菜、四季豆等，几乎所有蔬菜上都可以使用。

2. 使用技术

（1）施药方法和技术。阿维菌素防治根结线虫最好方法是于种植前每平方米用1.8%阿维菌素乳油1~1.5ml，稀释1 000~2 000倍，全面均匀喷洒土表，然后立即翻耕15~20cm，充分拌匀后播种或定植。根据相关研究结果表明，兑水均匀沟施或穴施，浅覆土后播种或定植，施药均匀，防治效果较好，采用1 500~2 000倍药液浇灌根施药，结合土壤处理，增强防治效果。

（2）施药注意事项。①施药时要有防护措施，戴好口罩等。②不能与碱性农药混用。避免药剂与皮肤接触，防止溅入眼睛。③对鱼高毒，应避免污染水源和池塘等。④对蜜蜂有毒，不要在开花期施用。⑤该药无内吸作用，施药时应注意均匀周到。最后一次施药距收获期至少20d。

四、氰氨化钙

氰氨化钙又名石灰氮，碳氮化钙，属无机物，有毒，是一种高效的土壤处理剂，具有无残留、不污染环境，具有药和肥双效功能等特点。氰氨化钙，含氮20%~22%，还含钙及少量硅、磷、硫、铁和铜元素等，具有土壤消毒和培肥地力的双重作用，其是唯一具有非水溶性特征的迟效性氮肥。

1. 作用机制

该药物在分解为尿素的过程中产生的氰氨和双氰胺，都具有灭虫、防病的作用，可抑制根结线虫的发生，还能杀死土壤中其他病原菌，减少土传病害，并能抑制杂草的生长。同时氰氨化钙中的副成分氧化钙遇水放热，促使麦草或稻草腐烂发热，加上盛夏外部热量，白天地表温度可达60~65℃，10cm土层地温超过50℃，30cm

土壤层地温超过45℃，这种温度持续20d以上，能够杀灭蔬菜根结线虫及其他多种病原菌。高温也能使土壤一些被固定的微量元素活化，改善土壤养分状况。另外，氰氨和双氰胺都能抑制土壤中硝化细菌的活性，阻碍硝化作用，使施入土壤中的铵态氮不易转化为硝态氮，能够减少土壤和蔬菜中硝酸盐的积累，改善蔬菜品质。

2. 使用技术

（1）施药方法和技术。氰氨化钙药剂主要有粉剂和颗粒剂两种，针对粉剂施用时粉末飞扬，污染环境的弊端，近年来研制开发出了施用方便、安全可靠的氰氨化钙颗粒状制剂。目前，颗粒氰氨化钙只有国外包装，成本相对更高，但效果更明显。氰氨化钙防治根结线虫作用的条件，氰氨化钙药剂发挥防治病害作用一般应具备高温、密闭和水等三个条件。因此，氰氨化钙最好是在夏季高温天气，清园后施用，施用后翻耕土壤、盖膜、灌水，即所谓的氰氨化钙—太阳能处理法。

（2）氰氨化钙的施用程序。①清除田间残枝落叶。前茬作物收获完毕，及时清除残枝落叶，并平整土地，保证施药均匀周到。②确定处理时间。因为温度与氰氨化钙处理的防效密切相关，温度越高，防治效果越好，因此根据中长期天气预报，确定晴天持续时间长，又不耽误下茬作物种植的时段处理，保证防效。③撒施氰氨化钙和稻草或麦草。每公顷均匀撒施1 000~1 500kg氰氨化钙，1 500~1 800kg切碎的麦草或稻草（长度不超过2cm）。④翻耕土壤。用植保机械将氰氨化钙和碎麦草或稻草均匀翻入30~40cm土中，一般翻两遍为宜。⑤作畦。翻耕结束后做成高30cm、宽60~70cm的小畦，增加土壤表面积，提高地温，也便于管理，保证灌水均匀。⑥盖膜密封。用透明的0.01mm农膜覆盖土壤表面，四周压土密封，防止水分散失和温度降低。⑦灌水。从农膜底下均匀地向畦间灌水，使小畦面充分湿润，但积水不能超过10min。⑧关闭通风口。将温室通风口全部关闭，持续20~25d。⑨揭膜透气。处理结束后，翻耕土壤30~40cm，透气3~5d后播种或定植。

（3）施药注意事项。①氰氨化钙必须贮存于阴凉、通风良好、干燥的仓库内，堆放时与仓库墙壁保持 10cm 以上距离，注意防潮、防水，不得与食物、饲料一起贮存。装卸时应轻拿轻放，防止包装破损。搬运时应穿工作服，戴口罩、手套。运输工具必须有防雨、防水设备，注意防水、防火、防潮。②氰氨化钙分解产生的氰胺对人体有害，使用时应特别注意防护。首先，施用地点不能与鱼池、禽畜养殖场太近，时间应选择在无风的晴天进行。其次，撒施前后 24h 内不要饮酒。撒施时要佩戴口罩、帽子和橡胶手套，穿长裤、长袖衣服和胶鞋。若在撒施过程中身体感觉不适，应立即停止。撒施后要漱口，用肥皂水洗手、洗脸。未用完的氰氨化钙要密封，存放在通风、干燥处。③氰氨化钙是强碱性肥料，可以与有机肥、草木灰、过磷酸钙、尿素混合作基肥，不能与硫铵、碳铵及含硫铵、碳铵的复混铵态氮肥混合使用。④适用于酸性土壤，对碱性土壤慎用。对油菜、马铃薯等敏感作物，一般不宜使用。⑤撒施时尽量防止氰氨化钙随风飘逸到相邻其他作物上产生药害。

五、硫酰氟

硫酰氟是一种优良的广谱性熏蒸杀虫剂，具有杀虫谱广、扩散渗透力强、用药量少、散气时间短、对熏蒸物安全，尤其适合低温使用等特点。对土传病害、土壤害虫入侵及发芽中的杂草种子具有极强的杀灭能力，对根结线虫具有理想的防治效果。硫酰氟纯品在常温下为无臭无色气体。遇水不水解，但是在氢氧化钠溶液中水解。微溶于碱和大部分有机溶剂。硫酰氟易于扩散和渗透，其渗透扩散能力比溴甲烷高 5~9 倍。一般熏蒸后，散气 8~12h 后就难以检测到，有效含量 98%~99%。

1. 作用机制

该药物通过线虫呼吸系统进人体内，作用于中枢神经系统而致线虫死亡。该药物具有一定的优势特点。①防治谱广，穿透力强，除对蔬菜根结线虫有良好的防治效果外，对蔬菜其他土传病害也有显著的兼治效果。②适宜在低温条件下使用，温度在-55℃以上对熏蒸效果都没有影响，因此，使用不受地域和季节限制。③使用技术简单方便，散气时间短，且应用领域范围广泛。④无残留，符合绿色食品蔬菜生产的要求。

2. 使用技术

（1）使用剂量。在土壤中处理最佳使用剂量为 $20\sim25g/m^2$。

（2）施药技术。采用分布带施药技术。耕翻土壤25cm；在田间开挖沟渠施药带，深25cm，宽20cm，其上覆盖0.01mm农膜；塑料管通到膜下，四周压实，封口处用胶带封好，以防漏气；把硫酰氟气瓶放在电子秤上，用电子秤称量施放气体的数量，按照单位面积用量，当达到用量时关闭阀门，将送气管抽出，并把塑料膜上留下的孔用胶带封好；土壤熏蒸处理后封闭1周，然后揭开农膜。揭膜时，从最下风头的一个小区开始，人在上风头，将塑料膜抽出，让气体充分散发3~5d，翻土，再散发7d，即可播种或定植。若进行日光温室土壤处理时，日光温室的棚膜揭开，或上通风口和四周通风口全部打开，以防有毒气体在棚中滞留。

（3）施药注意事项。①泄漏应急处理，人员迅速撤离泄漏污染区至上风处，并隔离直至气体散尽。应急处理人员戴正压自给式呼吸器，穿化学防护服，切断火源，在确保安全情况下堵漏，喷洒雾状水稀释，减慢挥发（或扩散），但不要对泄漏物或泄漏位点直接喷水，抽排（室内）或强力通风（室外）。漏气容器不能再用，且要经过技术处理以清除可能剩下的气体。②防护措施，呼吸系统防护，空气中浓度超标时，佩戴防毒面具，紧急事态抢救或撤离时，佩戴自给式呼吸器。眼睛防护，戴化学安全防护眼镜。身体防护，穿胶布防毒服，戴防化学品手套，在工作现场严禁吸烟，保持良好的卫生习惯。③田间应用，注意单位面积的用药量，保证熏蒸、放气时间及熏蒸后种植作物的安全性。

六、棉隆

棉隆又称必速灭，是广谱性熏蒸性杀菌、杀线虫剂和除草剂，有效成分是四氢-3,5- 二甲基-2-氢-1,3,5-噻二唑-2-硫酮。可用于番茄、马铃薯、甜菜、豆类、烟草和草莓等多种作物的短体、纽带、肾形、矮化、针、剑、垫刃、根结、胞囊、茎线虫等属的多种线虫的防治，同时对土壤昆虫、真菌和杂草亦有防治效果。

棉隆易于在土壤及其他基质中扩散，杀线虫作用全面而持久，并能与肥料混用，不会在植物体内残留。该药加工剂型为98%粉剂。使用量是 $75 \sim 90 kg/hm^2$。

棉隆属于土壤熏蒸剂，施用时开沟 $5 \sim 20 cm$，撒施或溶解于水中淋施。此药剂对植物毒性较大，施药后应立即覆土，有条件可洒水封闭或覆盖塑料薄膜，过一段时间（因土温和作物而不同，一般为 $15 \sim 20 d$）松土通气，然后播种。由于此药用量和毒性大，在南方多雨、地下水位高地区容易造成地下水源污染，因而要慎用。但是，棉隆是苗圃、温室较为理想的土壤消毒剂。

参考文献

曹鸿一，2019. 快速鉴定辣椒抗根结线虫基因 *Me 3* 的 SCAR 标记开发 [D]. 北京：中国农业科学院.

陈淑君，2017. 福建省蔬菜象耳豆根结线虫的发生、鉴定与分子检测 [D]. 福州：福建农林大学.

杜宾，畅引东，董海龙，等，2018. 尖孢镰孢菌胁迫下番茄病程相关基因表达研究 [J]. 山西农业大学学报（自然科学版），38（12）：26-32.

杜宾，闫钊，2020. 生防菌株 KC24 鉴定及发酵液防治海棠锈病效果 [J]. 北方园艺（11）：19-24.

郭嘉华，王永，雷傲雪，等，2019. Sulfanili Acid 和 ASA 对番茄病毒病诱导抗性的研究 [J]. 内蒙古农业大学学报（自然科学版），40（4）：15-22.

何亚登，2019. 2 种生防菌的发酵、土壤定殖及防治烟草土传病害的研究 [D]. 福州：福建农林大学.

李娟，2015. 防治西花蓟马的白僵菌耐热性及可湿性粉剂研究 [D]. 北京：中国农业科学院.

李张，潘晓华，魏赛金，2019. 植物诱导抗病及机制的研究进展 [J]. 生物灾害科学，42（1）：1-6.

刘乐乐，顾建锋，方亦午，等，2019. 基于线粒体 *Nad 5* 基因序列的 3 种常见根结线虫鉴定 [J]. 植物检疫，33（5）：32-36.

刘维志，2004. 植物线虫志 [M]. 北京：中国农业出版社.

刘杏忠，张克勤，李飞天，2004. 植物寄生线虫生物防治 [M]. 北京：中国科学技术出版社.

刘振兴，周桂梅，陈健，等，2018. 几种生物农药对绿豆叶斑病的防治效果 [J]. 作物杂志 (6)：154-157.

罗诺德·佩里，莫里斯·莫恩斯，2011. 植物线虫学 [M]. 简恒，译. 北京：中国农业大学出版社.

田威，王会芳，陈慧，等，2018.6 种药剂对红麻根结线虫的防治效果 [J]. 农药 (3)：212-214.

席先梅，白全江，张庆萍，等，2015.5 种生物制剂对设施蔬菜根结线虫防治技术研究 [J]. 植物保护，41 (4)：203-207.

谢辉，2005. 植物线虫分类学 [M]. 2 版. 北京：高等教育出版社.

闫越，2017. *Phanerochaete chrysosporium* 厚垣孢子的产生条件及其分化机制研究 [D]. 新乡：河南师范大学.

杨姣，2016. 中国锈革菌属的分类与系统发育研究 [D]. 北京：北京林业大学.

杨艳梅，梁艳，袁绍杰，等，2017. 云南省部分烟区根结线虫形态和分子鉴定 [J]. 南方农业学报 (2)：284-291.

叶冰竹，李春艳，贾敏，等，2018. 共生真菌对植物抗旱性的影响及机制研究进展 [J]. 药学实践杂志，36 (5)：392-398.

尹志娜，2018. 小麦麸皮固态发酵过程中活性成分释放的机理研究 [D]. 广州：华南理工大学.

尤杨，赵丹，朱晓峰，等，2018. 活性氧与木质素对细菌 Sneb825 诱导番茄抵抗南方根结线虫侵染的响应 [J]. 植物病理学报，48 (4)：547-555.

袁娅利，胡玥婵，郭丽彬，等，2019. 桑叶多酚氧化酶活性研究 [J]. 现代园艺 (4)：7-9.

翟明娟, 李登辉, 马玉琴, 等, 2017. 绿色木霉菌株 Tvir-6 对黄瓜根结线虫的防治效果研究 [J]. 中国蔬菜 (10): 67-72.

张洁, 郭雪萍, 夏明聪, 等, 2020. 粉红螺旋聚孢霉 NF-06 固体发酵条件优化及其对南方根结线虫的防治效果 [J]. 中国生物防治学报, 36 (1): 105-112.

张璐璐, 2016. 防治西花蓟马的球孢白僵菌液固双相发酵条件优化 [D]. 北京: 中国农业科学院.

张树武, 徐秉良, 薛应钰, 等, 2016. 长枝木霉 T6 菌株对黄瓜南方根结线虫的防治及其根际定殖作用 [J]. 应用生态学报 (1): 250-254.

张伟铮, 关文苑, 李松, 等, 2019. ITS 序列分析与 MALDI-TOF MS 质谱技术在丝状真菌鉴定中的应用 [J]. 菌物学报, 38 (8): 1298-1305.

张祎曼, 2018. 浅析中国西北地区土壤盐碱化现状及修复对策 [J]. 当代化工研究 (2): 26-27.

宗兆锋, 康振生, 2002. 植物病理学原理 [M]. 北京: 中国农业出版社.

ABO-KORAH M S, 2017. Biological control of root-knot nematode, *Meloidogyne javanica* infecting ground cherry, using two nematophagous and mychorrhizal fungi [J]. Research Gate, 27 (1): 111.

CAMBIEN G, VENISSE N, MIGEOT V, et al., 2020. Simultaneous determination of bisphenol A and its chlorinated derivatives in human plasma: Development, validation and application of a UHPLC-MS/MS method [J]. Chemosphere, 242: 125236.

CHEN Z X, CHEN S Y, DICKSON D W, 2004. Nematology—advances and perspectives, Volume I: nematode morphology, physiology and ecology [M]. Beijing: Tsinghua University Press.

DAVIES K, SPIEGEL Y, 2011. Biological control of plant-parasitic nematodes [M]. Berlin: Springer Netherlands.

DECRAEMER W, GERAERT E, 2006. Ectoparasitic nematode [M]. Wallingford, Oxford shire: CAB International.

Du B, XU Y, DONG H, et al., 2020. *Phanerochaete chrysosporium* strain B-22, a nematophagous fungus parasitizing *Meloidogyne incognita* [J]. PLOS ONE, 15 (1): e216688.

FURUSAWA A, UEHARA T, IKEDA K, et al., 2019. *Ralstonia solanacearum* colonization of tomato roots infected by *Meloidogyne incognita* [J]. Journal of Phytopathology, 167 (6): 24-33.

HINNENKAMP V, BALSAA P, SCHMIDT T C, 2019. Quantitative screening and prioritization based on UPLC-IM-Q-TOF-MS as an alternative water sample monitoring strategy [J]. Analytical and Bioanalytical Chemistry, 411 (23): 6101-6110.

HIRSCHMANN, 1985. The genus *Meloidogyne* and morphological characters differentiating its species [M]. Ralegh: North Carolina State University Graphics.

HU L, LIU Y, ZENG G, et al., 2017. Organic matters removal from landfill leachate by immobilized *Phanerochaete chrysosporium* loaded with graphitic carbon nitride under visible light irradiation [J]. Chemosphere, 184: 1071-1079.

INKYU P, SUNGYU Y, JIN K W, et al., 2018. Authentication of herbal medicines dipsacus asper and *Phlomoides umbrosa* using DNA barcodes, chloroplast genome, and sequence characterized amplified region (SCAR) marker[J]. Molecules (Basel, Switzerland), 23 (7): 57-66.

JEPSON S B, 1987. Identification of root-knot nematodes *Meloidogyne* species [M]. Wallingford, Oxford shire: CAB International.

JIN N, XUE H, LI W, et al., 2017. Field evaluation of *Streptomyces rubrogriseus* HDZ-9-47 for biocontrol of *Meloidogyne incognita* on tomato [J]. Journal of Integrative Agriculture, 16 (6): 1347–1357.

KATRAGUNTA K, SIVA B, KONDEPUDI N, et al., 2019. Estimation of boswellic acids in herbal formulations containing Boswellia serrata extract and comprehensive characterization of secondary metabolites using UPLC – Q – Tof – MS^e [J]. Journal of Pharmaceutical Analysis, 9 (6): 414–422.

LI P, CHEN J, LI Y, et al., 2017. Possible mechanisms of control of *Fusarium* wilt of cut chrysanthemum by *Phanerochaete chrysosporium* in continuous cropping fields: A case study [J]. Scientific Reports, 7 (1): 15994.

LÁNQUEZ A, VALENCIA C, et al., 2019. Influence of solid–state fermentation with *Streptomyces* on the ability of wheat and barley straws to thicken castor oil for lubricating purposes [J]. Industrial Crops & Products, 140 (3): 79–88.

MARLIN M, WOLF A, ALOMRAN M, et al., 2019. Nematophagous *Pleurotus* species consume some nematode species but are themselves consumed by others [J]. Forests, 10 (5): 404–409.

NICOL J M, TURNER S J, COYNE D L, 2011. Current nematode threats to world agriculture [M]. Heidelberg: Springer.

PERRY R N, MOENS M, 2006. Plant Nematodes [M]. Oxfordshire: CAB international.

PING L, JINGCHAO C, YI L, et al., 2017. Possible mechanisms of control of *Fusarium* wilt of cut chrysanthemum by *Phanerochaete chrysosporium* in continuous cropping fields: A case study. [J]. Scientific Reports, 7 (1): 15994.

ROLAND P, MOENS M, L J, 2009. Root – knot nematodes [M]. Oxfordshire: CAB international.

SASSER J N, 1989. Plant – parasitic nematodes: the famer's hidden enemy [M]. Oxfordshire: CAB international.

SASSER J N, CARTER C C, 1985. An advanced treatise on *Meloidogyne*, *Vol.* I : Biology and control [M]. Raleigh: North Carolina State University Graphics.

SERGIO M, PAOLA L, 2019. Bio – control agents activate plant immune response and prime susceptible tomato against root-knot nematodes. [J]. PIOS ONE, 14 (12): e213230.

THONGKAEWYUAN A, CHAIRIN T, 2018. Biocontrol of *Meloidogyne incognita* by *Metarhizium guizhouense* and its protease [J]. Biological Control, 126 (2): 142–146.

WUBBEN M J, THYSSEN G N, CALLAHAN F E, et al., 2019. A novel variant of Gh_ D02G0276 is required for root-knot nematode resistance on chromosome 14 (D02) in Upland cotton [J]. Theoretical and Applied Genetics, 132 (5): 1425–1434.

WU H Y, QIU Z Q, MO A S, et al., 2017. First Report of *Heterodera zeae* on Maize in China [J]. Plant Disease, 101 (9): 113–124.

XIANG N, LAWRENCE K S, DONALD P A, 2018. Biological control potential of plant growth-promoting rhizobacteria suppression of *Meloidogyne incognita* on cotton and *Heterodera glycines* on soybean: A review [J]. Journal of Phytopathology, 166 (7 – 8): 449–458.

YANMEI Y, YAN L, SHAOJIE Y, et al., 2017. Morphology and molecular identification of root–knot nematode in partial tobacco-growing areas in yunnan province [J]. Plant Diseases and Pests, 8 (2): 13–19.

ZHANG K Q, HYDE K D, 2014. Nematode – trapping fungi [M]. Berlin: Springer Netherlands.

附　录

Phanerochaete chrysosporium strain B-22, a nematophagous fungus parasitizing *Meloidogyne incognita*①

Citation: Du B, Xu Y, Dong H, Li Y, Wang J, 2020. *Phanerochaete chrysosporium* strain B-22, a nematophagous fungus parasitizing *Meloidogyne incognita*. PLOS ONE 15 (1): e0216688. https://doi.org/10.1371/journal.pone.0216688

Du B[1,2] （杜宾）

1 College of Agriculture, Shanxi Agricultural University, Taigu, Shanxi, China; 2 Department of Horticulture, Taiyuan University, Taiyuan, Shanxi, China

Abstract

The root-knot nematode *Meloidogyne incognita* has a wide host range and it is one of the most economically important crop parasites worldwide. Biological control has been a good approach for reducing *M. incognita* infection, for which many nematophagous fungi are reportedly applicable. However, the controlling effects of *Phanerochaete chrysosporium* strain B-22 are still unclear. In the present study we characterized the parasitism of this strain on *M. incognita* eggs, second-stage juveniles (J2), and adult females. The highest corrected mortality was 71.9% at 3×10^8 colony forming units (CFU) /ml and the esti-

---

① 本文作者 2020 年 1 月发表于 PLOS ONE。

mated median lethal concentration of the fungus was 0.96×10^8 CFU/ml. Two days after treat ment with *Phanerochaete chrysosporium* strain B-22 eggshells were dissolved. A strong lethal effect was noted against J2, as the fungal spores developed in their body walls, germinated, and the resulting hyphae crossed the juvenile cuticle to dissolve it, thereby causing shrinkage and deformation of the juvenile body wall. The spores and hyphae also attacked adult females, causing the shrinkage and dissolution of their bodies and leakage of contents after five days. Greenhouse experiments revealed that different concentrations of the fungal spores effectively controlled *M. incognita*. In the roots, the highest inhibition rate for adult females, juveniles, egg mass, and gall index was 84.61%, 78.91%, 84.25%, and 79.48%, respectively. The highest juvenile inhibition rate was 89.18% in the soil. *Phanerochaete chrysosporium* strain B-22 also improved tomato plant growth, therefore being safe for tomato plants while effectively parasitizing *M. incognita*. This strain is thus a promising bio-control agent against *M. incognita*.